NONGYE KONGJIAN XINXI BIAOZHUN YU GUIFAN

农业空间信息标准与规范

唐华俊　周清波　姚艳敏　主编

中国农业出版社

主　编　唐华俊　周清波　姚艳敏
副主编　陈仲新　辛晓平　陈佑启
　　　　唐鹏钦
参　编（按姓名笔画排序）
　　　　王　迪　王利民　邓　辉
　　　　叶立明　毕于运　任建强
　　　　刘　佳　刘海启　李丹丹
　　　　李正国　杨　鹏　杨桂霞
　　　　吴文斌　吴尚蓉　何英彬
　　　　余强毅　邹金秋　张　莉
　　　　张保辉　陈世雄　陈宝瑞
　　　　黄　青　滕　飞

　　农业空间信息是农业信息的组成部分，是指与地球上的空间位置有关的表述农业及农业生产特征与属性的信息，包括农业自然资源信息、农业生态环境信息、农业社会经济信息等。农业自然资源信息是指自然界存在的，可作为农业生产原材料的物质和能量的信息总称，包括土地与土壤资源、水资源、农业气候资源、生物资源（如作物资源、草地资源、渔业资源）等；农业生态环境信息包括与农业生态环境和农业灾害有关的信息；农业社会经济信息包括社会、经济、技术因素中可用于农业生产的各种要素信息，如人口、劳动力、农业投入、农业产值等信息。

　　我国农业领域经过长期的科研和生产实践，积累了大量的农业空间信息，建立了不同服务内容、不同表现形式的农业空间信息系统和数据库。例如，我国曾经进行了历时近10年的全国农业资源调查和区划以及历时十几年的全国土地资源详查，全国范围的草地资源调查、植被调查、土壤普查、农业普查、林业调查等亦已完成，它们为农业资源信息系统的建立提供了数据源。基于遥感技术的国家级农作物遥感估产业务系统已经运行了17年，每年为国家提供农作物播种面积和产量数据以及农作物长势遥感监测和土壤墒情遥感监测数据，这些农业空间信息为实现农业信息化提供了丰富的信息资源，有力地推进了农业的信息化建设和农业空间信息共享进程。从20世纪80年代以来，农业部已经建立了农业综合实力信息数据库群、中国农作物种质资源数据库等100多个数据库；建立了全国农业资源空间信息系统、农业空间信息共享与服务系统、农业土地土壤信息系统等多个农业资源信息系统；建立了中国节水农业网、中国草地科学网等网络服务系统；建成了各类农业灾害预警信息系统、农作物长势监测与农作物估产、农业环境污染监测与评价等信息系统；建成了农用土地评价信息系统、水土流失动态监测系统等农业资源信息调查、评价、规划、管理等信息系统，增强了农业信息化建设和农业信息的共享进程。

　　农业空间信息系统建设的目标之一是农业空间信息共享，而农业空间信息共享的基础和前提是农业空间信息标准化。农业部在20世纪80年代以来的农业信息化工作中，已经积累了相当数量的农业空间信息，也制定了一些与农业空间信息相关的国家标准、行业标准、项目标准和规范，保障了农业空间信息系统和数据库建设的顺利进行。从农业部数据库建设开始算起，农业空间信息标准建设亦逐步展开，但信息标准化程度亟待提高。目前，与农业空间信息相关的国家标准较少，例如《中国土壤分类与代码》（GB/T 17296—2009）、《中国气候区划名称与代码　气候带和气候大区》（GB/T 17297—1998）等；行业标准也很少，例如《草业资源信息元数据》（NY/T 1171—2006）、《农业电子信息产品通用技术条件 农业应用软件产品》（NY/T 653—2002）、《渔用全球卫星导航仪（GPS）通用技术条件》（SC/T 7008—1996）、《渔业信息分类与代码》（SC/T 0002—2001）系列标准等。

  农业空间信息标准化是农业信息标准化体系的重要组成部分，它是对农业空间信息及技术领域内最基础、最通用、最有规律性、最值得推广和最需共同遵守的重复性事物和概念制定标准，以便在一定范围内达到某种统一或一致。这种统一或一致是推广、普及农业空间信息技术和实现农业空间信息共享的先决条件，有利于农业空间信息的开发利用和农业空间信息产业的形成。中国农业科学院农业资源与农业区划研究所在农业空间信息建设和标准制定方面已有近 20 年的研究，本书汇集的是近年来已经编写完成并使用的部分农业空间信息数据库建设和数据共享的技术标准与规范，这些项目包括：国家"863"国家级农情遥感监测与信息服务系统项目、国家科学数据共享工程项目"全国农业资源与区划数据库建设及共享"和"草地科学数据库建设及共享"以及科技部科研院所社会公益研究专项项目"北方草地生态系统野外观测基础数据库和共享"。本书旨在将这些标准和规范汇编在一起，为农业空间信息系统建设、信息共享以及标准化工作提供参考。

  本书第一章为农业空间信息通用标准与规范，由唐华俊、周清波、姚艳敏编写；第二章为国家级农情遥感监测技术标准与规范，由周清波、陈仲新、姚艳敏、刘佳、王利民、任建强、黄青、邓辉、吴文斌、杨鹏、李丹丹、滕飞、李正国、王迪、叶立明、刘海启、陈世雄、吴尚蓉编写；第三章为国家级农业资源与区划数据库建设及共享标准与规范，由陈佑启、姚艳敏、何英彬、邹金秋、毕于运、唐鹏钦、张莉、余强毅编写；第四章为草地科学数据库建设及共享标准与规范，由辛晓平、姚艳敏、杨桂霞、陈宝瑞、张保辉、唐鹏钦编写；第五章为草地生态系统野外观测数据库建设及共享标准与规范，由姚艳敏、辛晓平、杨桂霞、唐鹏钦编写。

  农业空间信息标准和规范仍处于探索和研究之中，农业空间信息系统建设和信息共享的技术也在快速地发展。因此，随着农业空间信息系统建设工作的逐步深入，本书各部分内容必将不断完善。本书不当之处，敬请广大读者指正。

编　者
2016 年 3 月

目 录

第一章
农业空间信息通用标准与规范

第一节　农业空间信息标准参考模型

我国农业领域经过长期的科研和生产实践，积累了大量的农业空间信息，建立了不同服务内容、不同表现形式的农业空间信息系统和数据库，为实现农业信息化提供了丰富的信息资源。然而，由于在农业空间信息的采集、处理、管理和应用等方面尚未形成统一的标准，致使大量的农业空间信息只能在局部或单一的信息系统内使用，影响了农业空间信息的共享和互操作。因此，为了使农业空间信息具有更广泛的使用价值，实现农业空间信息的共享，提高农业空间信息的利用效率，就必须有健全的、综合的农业空间信息标准体系作为保障，通过农业空间信息标准的制定和实施，促进农业空间信息的互操作和共享。

随着信息技术的发展与应用的深入，信息技术的应用已从解决某个方面的问题（如数据处理），发展到解决从数据采集、分析处理、数据管理、成果表示直至信息服务的全过程信息化。例如，农作物播种面积遥感监测从地面抽样、遥感解译、数据分析处理、数据管理和信息发布全过程的信息化就是典型的实例。农业空间信息化的这种综合性特征决定了农业空间信息标准化也必定涉及从数据采集到信息服务的整个过程。满足这样标准化需求的应是相互协调的、能在整体上达到最佳效益的一组或系列标准组成，孤立的单个标准是无能为力的。既然是多个标准为实现同一目标共同工作，就应对农业空间信息标准化的目标、标准内容、标准之间的关系提出统一的规定，这就是农业空间信息标准参考模型要起的作用。农业空间信息标准参考模型确定了农业空间信息标准化的框架、标准的主要内容以及标准之间的关系，它是农业空间信息标准体系的基础，指导农业空间信息标准化工作。

一、国内外研究进展

参考模型是为了理解某一环境实体间的重要关系而建立的抽象框架，采用支持此环境的统一标准和规范来开发特定的体系架构（姜作勤等，2003）。标准参考模型的内容一般包括标准化的环境与需求、标准化的目标、确定系列标准内容的方法、系列标准的内容与结构以及标准应用的基本原则。农业空间信息属于地理信息范畴，其标准参考模型的内容可以借鉴国内外地理信息和信息技术领域标准化的构成框架。纵观国内外地理信息和信息技术标准化工作可以看到，信息标准化工作都由一系列标准和规范构成，并在信息标准参考模型的框架下开展工作。

1. 国外进展　信息技术领域有关参考模型的标准出现的较早，国际标准化组织（ISO）和国际电工委员会（IEC）从 20 世纪 90 年代开始至今，已联合发布了一些信息技术领域标准参考模型，例如，《Information technology—Open Systems Interconnection—Basic Reference Model：The Basic Model》（ISO/IEC 7498—1：1994）提出了开放系统互连环境下的标准化框架，需要制定的标准内容，对开放系统互连各类标准的制定提供了指南；《Information technology-Open Distributed Processing-Reference Model：Overview》（ISO/IEC 10746—1：1998）对涉及开放分布式信息处理服务的标准制定提供了标准组成框架；《Information technology-Reference Model of Data Management》（ISO/IEC TR 10032：2003）为协调信息系统中的数据管理提出了标准框架。

地理信息标准参考模型是在信息技术标准参考模型的基础上确定的。按照国家级、地区级、联盟级、国际级 4 种级别进行划分，代表性的地理信息标准参考模型主要包括：美国联邦地理数据委员会（FGDC）的《FGDC 标准参考模型》（1996）、欧洲标准化委员会地理信息技术委员会（CEN/TC 287）的《地理信息—参考模型》（1996）、开放地理空间信息联盟（OGC）的《OpenGIS 参考模型》（2003）以及国际标准化组织地理信息技术委员会（ISO/TC 211）的《地理信息—参考模型》（ISO 19101）（2002）。

为支持美国国家空间数据基础设施（NSDI）的实施，FGDC 提出了国家空间数据基础设施的标准化框架，即标准参考模型。采用信息工程学结构化分析方法，FGDC 的标准参考模型确定了数据类、服务类 2 种基本类型标准（姚艳敏等，2006）。其中，数据类标准包括：数据分类、数据内容、数据表达、数据交换和数据应用等标准；服务类标准包括：基础数据和特殊数据交换程序、现有数据的访问程序、数据收集和存储程序、数据分析程序、图形可视化、数据集成、质量控制和质量保证等标准。

CEN/TC 287 致力于欧洲国家地理信息的标准化，其工作目标是：通过信息技术为现实世界中与空间位置有关的信息使用提供便利，用坐标、文字和编码来表达现实世界中的空间位置。CEN/TC 287 采用概念建模的方法，提出了开展地理信息领域标准工作的基本框架，将地理信息标准分成两大类：地理信息标准和地理数据服务标准（CEN 12009，1996）。其中地理信息标准类包括：地理数据（语义模式描述方式、空间模式、质量模式、参照系统描述方法、定位模式、地理标识符模式）和元数据标准；地理数据服务标准类包括：查询与更新服务、转换服务等标准。

OGC 着眼于将地理空间数据和地学处理资源全面集成到主流计算中，并将可互操作的商用地学处理软件在信息基础结构的所有过程中普及应用。OGC 制定的《OpenGIS 参考模型》分别从部门视角、信息视角、计算视角、工程视角以及技术视角 5 个视角对地理信息共享与互操作进行了分析，从空间信息应用政策、空间信息语义描述、空间信息服务定义与分类、多网络服务配置、共享开发标准制定 5 个层面，系统描述了地理信息与服务，提出了开放地理空间信息标准化框架（OGC，2003）。其中，部门视角主要从商业的前景、目的、范围以及政策方面描述地理空间信息共享涉及的问题；信息视角主要定义地理空间信息概念模式，并提供应用模式定义的方法；计算视角主要定义地理信息服务模式，描述组件、接口与交互规则等；工程视角描述一个系统如何分配函数与信息到网络各种组件上，是服务在网络物理节点上的规划；技术视角主要关注分布式系统使用的硬件与软件组件的技术与标准，保证对象在各种计算机网络、硬件平台、操作系统、程序语言之间实现互操作,为地理信息共享应用开发提供技术框架。

ISO/TC 211 的工作范围是数字地理信息标准化,其主要任务是针对直接或间接与地球上位置相关的目标或现象信息制定一套结构化的定义、描述和管理地理信息的系列标准,其提出的地理信息标准化框架在《地理信息—参考模型》(ISO 19101:2002)有所体现。地理信息系列标准以实现地理信息互操作为目标,将地理信息概念的详细描述与信息技术的概念相结合,制定信息视角和计算视角的地理信息和服务的标准。标准参考模型将地理信息标准分为 5 类,即框架和参考模型类标准(如参考模型、概念模式语言、术语、一致性与测试等)、数据模型和算子类标准(如空间模式、时间模式、空间算子、应用模式规则等)、数据管理类标准(如要素编目、空间参照、基于地理标识符参照、质量原则、质量评价过程、元数据等)、地理信息服务类标准(如定位服务、图示表达、服务、编码等)、专用标准和现行实用标准类(ISO 19101:2002)。

2. 国内进展 随着国外地理信息领域标准参考模型的提出,我国也开始关注和制定相应的参考模型。我国一些重大空间基础设施和数据库建设项目,都采用了《地理信息—参考模型》(ISO 19101)的标准结构框架理念,进行项目标准的组织、管理和制定。例如,国土资源部“数字国土工程项目”制定了《国土资源信息标准参考模型》,提出了国土资源信息标准化的技术框架,阐述了标准化对象、总体需求、标准制定与使用的基本原则等,使项目的标准化工作在统一的框架下进行(姜作勤等,2003);科技部“科学数据共享工程”项目制定了《标准体系及参考模型》,提出了科学数据共享标准体系框架,描述了科学数据共享标准体系的组成及相互关系,用于指导科学数据共享标准化工作的全面开展(徐枫,2003)。2007 年和 2008 年,全国地理信息标准化技术委员会(SAC/TC 230)相应出台了《国家地理信息标准体系框架》和《国家地理信息标准体系》文件,为促进我国地理信息资源的建设、协调、交流与集成提供了指南。

我国在农业空间信息标准化方面做了一些工作,但仍停留在项目驱动,缺乏整体考虑。农业空间信息标准化工作面临的主要问题包括应对农业空间信息哪些方面进行标准化;如何从农业空间信息化流程抽取共性内容制定通用标准,全面安排信息标准的总体构成;如何使各类信息标准在内容上相互配合和协调等。农业空间信息包括农业要素的数字化、农业过程的数字化和农业管理的数字化,包括从信息采集、动态监测、管理决策到信息传播的技术体系,因此,农业空间信息标准参考模型可以借鉴国内外地理信息标准参考模型,分析农业空间信息的特点进行确定,同时还要充分考虑农业空间信息系统和技术不断发展对标准提出的更新、扩展和延伸的要求。

二、农业空间信息标准参考模型构成框架

农业空间信息标准参考模型确定了农业空间信息需要标准化的内容以及标准之间的关系,为农业空间信息标准的制定以及农业空间信息系统的建设、共享与服务提供指导。通过对农业空间信息特点以及从数据采集、分析处理、管理直至服务应用的信息化过程进行分析,确定了农业空间信息标准构成框架,共分为 3 个层次:基础层标准、通用层标准和应用层标准(图 1-1)。

基础层标准是指导农业空间信息标准规范制定的基础标准,包括地理信息/遥感国家标

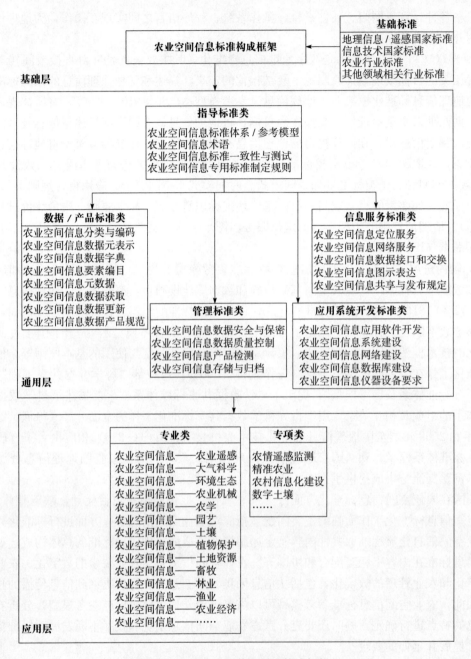

图 1-1　农业空间信息标准构成框架

准、信息技术国家标准、农业行业标准以及其他领域相关行业标准。

通用层标准是在基础层标准的基础上为农业空间信息领域广泛通用的一组标准，包括指导标准类、数据/产品标准类、管理标准类、应用系统开发标准类、信息服务标准类。通用层标准对应用层标准具有控制与制约作用，即上层通用标准应在下层应用标准中得到贯彻，必要时下层应用标准可在不违反上层通用标准的原则下针对具体应用需求进行扩展补充。

应用层标准是在基础标准和通用标准的基础上，对农业空间信息相关专业和专项制定的标准规范。

三、农业空间信息标准构成框架主要内容

1. 指导标准类　指导标准类阐述了农业空间信息标准化的总体需求、概念、组成、相互关系以及标准使用的基本原则和方法等，主要包括农业空间信息标准体系/参考模型、农业空间信息术语、农业空间信息标准一致性与测试、农业空间信息专用标准制定规则等标准。这些标准虽然不是农业空间信息的采集、处理、管理、表达、交换与服务所要执行的具体标准，但它们是农业空间信息标准制定与协调的基础。

（1）农业空间信息标准体系/参考模型　农业空间信息标准参考模型提出农业空间信息标准化的构成框架、范围、内容以及标准之间的关系。标准体系为一定范围内标准按其内在联系形成的科学的有机整体，是一种由标准组成的系统。标准体系表为一定范围内的标准体系内的标准按一定形式排列起来的图表（鲍仲平，1998）。农业空间信息标准体系是在农业空间信息标准参考模型的基础上，通过分析农业空间信息采集、处理、管理、共享服务过程需要标准化的内容，按照共性标准与个性标准的层次结构，列出农业空间信息需要制定的标准列表，为农业空间信息标准制定和协调提供指导，为促进农业空间信息系统的建设、信息交换与集成提供指南。

（2）农业空间信息术语　目前，农业空间信息术语的定义和引用比较混乱，同一术语在不同标准中定义不同。术语的不统一影响了农业空间信息的表达、存储、传递和交流。因此，随着农业空间信息应用的深入和农业信息技术的发展，迫切需要规范农业空间信息术语，排除歧义。农业空间信息术语标准涉及农业空间信息术语概念选取准则与条件，规定术语记录结构，说明撰写术语定义原则，确定农业空间信息术语的语义表达及来源出处，其作用是从概念上保证农业空间信息表达的一致性。

（3）农业空间信息标准一致性与测试　标准一致性与测试规定了数据和系统与相关农业空间信息标准是否一致的测试框架、概念和方法论，给出了声明与农业空间信息标准相一致时所要遵从的准则，并为确定抽象测试套件以及在一致性测试时应遵循的规程提供了框架。该标准用于检验农业空间信息标准实施的效果以及农业空间信息标准之间和与外部标准的一致性程度，有助于数据、软件产品、服务与标准的一致性以及标准之间的一致性，促进农业空间信息互操作的实现。

（4）农业空间信息专用标准制定规则　农业空间信息基础标准、通用标准为农业空间信息某个专用标准提供了基础和指南，以这些标准作为基础，制定专用标准，既能满足不同农业应用领域的需求，又能与基础标准、通用标准保持一致，因此，需要采用专用标准形成机制规范农业空间信息专用标准的制定。专用标准（profile）的概念最早出现在《信息技术　国际标准化专用标准的框架和分类　第1部分：基本概念和文档框架》（ISO/IEC TR 10000—1：1992）中，是为满足特定应用所需的一个或多个基础标准或基础标准的子集以及从这些基础标准中所选的章、类、可选项和参数的集合（ISO 19106，2004）。例如，《地理信息　元数据》（GB/T 19710）国家标准为地理信息领域提供了400多个描述全集地理信息数据集的必选、条件必选和可选的元数据元素以及核心元数据元素，描述的地理信息类型不仅包括以空间信息（矢量、影像、栅格等）为主的空间数据库，还包括以属性数据为主但具有空间定位信息的数据库。对于农业空间信息某个领域，例如草业信息，可以从GB/T 19710选择必需的元数据元素，结合自身的数据类型特点，构成草业资源信息元数据专用标准，如《草业资

源信息元数据》（NY/T 1171—2006）农业行业标准，减少 GB/T 19710 中大量对草业资源信息描述不适用的元数据元素（图 1-2）。农业空间信息专用标准制定规则规定了专用标准与基础标准的一致性关系、专用标准对基础标准的引用要求、专用标准的标识和文档结构以及专用标准的制定程序。

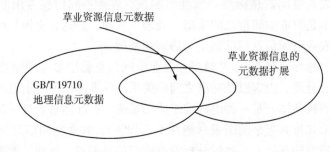

草业资源信息元数据

草业资源信息的元数据扩展

GB/T 19710 地理信息元数据

图 1-2 专用标准形成机制

2. 数据/产品标准类 该类标准规范农业空间信息数据或产品的内容、获取方法、数据更新等方面的内容。

（1）**农业空间信息分类与编码** 农业空间信息从专业上可以划分为与空间位置直接或间接相关的农业自然资源信息，如水资源、土壤资源、草地资源、气候资源、生物资源等以及人口、农业经济、农业生产经营状况等社会经济信息。农业空间信息分类与编码标准是农业空间信息标准化的基础，是从农业空间信息数据的来源、数据处理方式、数据成果和数据应用等出发，确定农业空间数据集的内容、分类与编码。

（2）**农业空间信息数据元表示** 数据元是指用一组属性描述数据定义、标识、表示和允许值的数据单元（GB/T 1839.1，2002），目的是使数据的使用者与提供者对数据的含义、表示和标识的理解一致，使数据易于交换，并且可以跨越网络在不同的应用环境内及其相互间进行共享。数据元由 3 部分组成：①对象类。指现实世界中的想法、抽象概念或事物的集合，有清楚的边界和含义，并且特性和其行为遵循同样的规则而能够加以标识。②特性。指对象类的所有个体所共有的某种性质。③表示。指值域、数据类型的组合，必要时也包括度量单位或字符集。数据元出现在数据库、文件和事务集中，是一个组织管理数据的基本单元，因而是组织内部数据库和文件设计，并用于建立与其他组织交流的事务集的组成部分。在组织内部，数据库或文件由记录、段和元组等组成，而记录、段和元组则由数据元组成；在数据库中，数据元可以作为信息组（符号组、域）或字符列来处理。例如，在关系型数据库中，数据元以字段名的形式出现于表格中（表 1-1）。数据元与数据库不完全等同，数据元是数据库实现或逻辑建模的基础和数据单元。

表 1-1 数据库表格中的数据元

内部标识符	中文名称	英文名称	定义	分类模式	表示形式	数据元值类型	表示格式	数据元允许值	单位
A0205	土壤 pH	pH	土壤溶液中氢离子浓度的负对数	土壤酸碱性	数值	实数	N2..3, 1	1.0～14.0	
A0308	土壤有机碳含量	SOC	土壤中用盐酸除去其他形态的碳后剩余的碳数量	土壤肥力	数值	实数	N3..5, 2	0～100.00	g/kg

数据元可分为通用数据元和应用数据元。通用数据元是独立于任何具体的应用而存在的数据元，其功能是为应用数据元设计提供一部通用数据元字典；应用数据元是在特定领域内使用的数据元集。例如，土壤标准数据元（赵春江，2004）是一部通用数据元，在第二次土壤普查数据库建设中制定的土壤调查信息数据元是一部应用数据元。

（3）农业空间信息数据字典 数据字典是应用数据库中非应用数据的集合，将其按一定的模式进行组织，并用计算机进行规范管理，建立关于数据库的数据库。数字字典可用于数据管理、维护、共享、分发服务等方面，涉及的数据库或数据文件可以包括矢量、栅格、影像、表格、文本、音频和视频等。根据描述对象的差异，数据字典可以分为 3 种类型：①数据库数据字典。对数据库整体进行描述，内容包括数据的归属、数据源、地图投影、数据分层及数据质量等。②数据集数据字典。对数据库中的数据集进行描述，包括数据集中数据的分层和数据命名等。③要素数据字典。对数据库数据中所包含的要素进行描述，包括要素的概念、几何表示、属性以及要素关系等。要素目录建立了要素和属性的联系，而数据字典不是把属性和要素联系起来，数据字典建立的是某一特定领域的所有要素和属性的全域。表 1-2 为数据字典的示例，这里以美国"DLG-F 数据字典—水文"中的"水库"为例，说明数据字典关于要素描述的具体内容和样式。

表 1-2 美国"DLG-F 数据字典—水文"要素数据字典样式示例

DLG-F 要素	水库			
定义	人工建造的、用于蓄水或蓄积其他液体的水池			
要素分类：	面			
层名	HY_POLY			
属性表	HY_POLY.PAT			
DLG-F 属性	Arc/Info 术语	数据类型	属性范围	定义
要素	FEATURE	字符型 25	字符型	DLG-F 要素的名称
要素 ID	FEATURE_ID	字符型 10	字符型	唯一、永久的要素 ID 码
州 FIPS 代码	STATE_FIPS	字符型 2	2 位整数	包含该要素的州 FIPS 代码
县 FIPS 代码	COUNTY_FIPS	字符型 3	3 位整数	包含该要素的县 FIPS 代码
水文单元代码	HUC	字符型 8	8 位整数	包含该要素的盆地 8 位数水文单元代码（HUC）
名称	NAME	字符型 32	字符型	水库的地名
数据源	SOURCE	字符型 32	字符型	采集要素的数据源
编辑者	EDITOR	字符型 32	字符型	完成要素更新的实体
数据源日期	SOURCE_DATE	日期	日期型	数据源的日期
要素更新日期	FEAT_MOD_DATE	日期	日期型	最后要素更新的日期

（4）农业空间信息要素编目 地理要素是与地球上相应位置有关的现实世界的抽象（ISO 19110，2005），则农业空间信息要素是与地球上相应位置有关的农业领域的抽象。要素目录定义地理数据中表示的要素类型、要素属性、要素操作和要素关系，使地理数据的提供者和使用者对数据所表示的各种现实世界现象具有共同的理解，促进地理数据的分发、共享和使用。要素编目建立了要素类型和要素属性之间的关系，其内容包括对要素目录、要素类型、要素操作、要素属性、要素属性值、要素关系的编目（蒋景瞳等，2004）。表 1-3 为

要素编目模版，其中"M、C、O"分别表示子集或元素必选、条件必选和可选。要素编目是对现实世界的抽象描述，一般用自然语言表达，是用 GIS 空间数据模型语言和计算机语言表达要素类型的前期准备。表 1-4 和表 1-5 是要素编目的实例。

表 1-3　要素目录模版

序号	要素目录元素	定　义	约束/条件	最大出现次数	数据类型	域
	要素目录	要素目录标识和联系信息	M	1		
1	名称	要素目录名称	M	1	字符串	自由文本
2	范围	要素目录中定义的要素类型的主题范围	M	N	字符串	自由文本
3	应用领域	要素目录各种应用的说明	O	N	字符串	自由文本
4	版本号	要素目录版本号	M	1	字符串	自由文本
5	版本日期	要素目录的有效日期	M	1	日期	自由文本
6	定义出处	要素目录中包含的信息定义出处	O	N	字符串	自由文本
7	定义类型	每个给定的定义来源所应用的目录信息类型说明	O	N	字符串	自由文本
8	编制者	要素目录编制者的名称、联系方式	M	N	字符串	自由文本
9	函数语言	用于形式化定义的符号系统	C	1	字符串	自由文本
	要素类型	具有共同特征的现实世界现象的类型	M	N		
10	名称	要素目录中唯一标识要素类型的字符串	M	1	字符串	自由文本
11	定义	用自然语言表示的要素类型定义	M	1	字符串	自由文本
12	代码	要素目录中唯一标识要素类型的代码	O	1	字符串	自由文本
13	别名	与要素术语等同的名称	O	N	字符串	自由文本
14	要素操作名称	该要素类型每个实例可能执行的操作	O	N	字符串	自由文本
15	要素属性名称	要素类型的特征	O	N	字符串	自由文本
16	要素关联名称	要素实例之间的关联	O	N	字符串	自由文本
17	所属父类	归属的主体要素类型	O	N	字符串	自由文本
	要素操作	要素类型的每个实例可以执行的操作	C	N		
18	名称	要素目录中唯一标识要素操作的字符串	M	1	字符串	自由文本
19	要素属性名称	参与要素操作的要素属性名称	M	N	字符串	自由文本
20	受体要素类型名称	受到该操作影响的其他要素类型名称	C	N	字符串	自由文本
21	定义	要素操作的定义	M	1	字符串	自由文本
22	形式化定义	用科学符号表示的要素操作的符号和等式	O	1	符号	符号
	要素属性	要素类型的特征	C	N		
23	名称	要素目录中唯一标识要素属性的字符串	M	1	字符串	自由文本
24	定义	用自然语言描述	C	1	字符串	自由文本
25	代码	要素目录中唯一标识要素属性的代码	O	1	字符串	自由文本
26	值数据类型	属性值的数据类型	C	1	字符串	自由文本
27	值度量单位	属性值的度量单位	O	1	字符串	自由文本
28	值域类型	说明要素属性值是否是枚举	O	1	整型	0=非枚举 1=枚举

（续）

序号	要素目录元素	定 义	约束/条件	最大出现次数	数据类型	域
29	值域	要素属性的允许值	C/值域类型=0	1	字符串	自由文本
	要素属性值	枚举的要素属性值域的值	C/值域类型=1	N		
30	标记	唯一标识该要素属性一个值的说明标记	M	1	字符串	自由文本
31	代码	唯一标识该要素属性一个值的代码	O	1	整型	整型
32	定义	用自然语言描述的属性值定义	O	1	字符串	自由文本
	要素关联	要素实例相联接的关系	C	N		
33	名称	要素目录中唯一标识要素关联的字符串	M	1	字符串	自由文本
34	对立关系	标识要素关联的对立或相反的字符串	O	1	字符串	自由文本
35	定义	用自然语言描述的要素关联定义	C	1	字符串	自由文本
36	代码	要素目录中唯一标识要素关联的代码	O	1	字符串	自由文本
37	包含的要素类型	参与关联的要素类型名称	M	N	字符串	自由文本
38	顺序指示符	说明要素类型的顺序在关联中是否有意义	M	1	整型	0=无顺序 1=有顺序
39	基数	可能的关联基数	O	1	字符串	1:1=严格为1 1:*=1或多 0:1=0或1 0:*=0或多
40	限制	要素关联的限制	O	N	字符串	自由文本
41	角色名称	包含在要素关联中的要素类型担当的角色	O	N	字符串	自由文本

表 1-4 要素类型"水稻田"编目实例

FC_FeatureType 要素类型（ID=3）	
名称	水稻田
定义	种植水稻的农田
代码	AA010
别名	无
要素操作名称	FC_Binding（ID=6）
要素属性名称	FC_FeatureAttribute（ID=4）
所属父类	FC_FeatureCatalogue（ID=1）

表 1-5 要素属性"面积"编目实例

FC_FeatureAttribute 要素属性（ID=4）	
名称	面积
定义	农田地表面的大小
基数	0
要素类型	FC_FeatureType（ID=3） FC_Bingding（ID=6）

（续）

要素约束	FC_Constraint（ID=5）
代码	DEP
值度量单位	m
值域类型	Real

（5）农业空间信息元数据　在数据共享方面，由于保密或有偿共享等因素，一些农业空间信息是不直接公开的，网上公开发布的一般是数据的元数据。元数据是关于数据的数据（GB/T 19710，2005），用于描述数据集的内容、覆盖范围、空间参照、数据质量、管理方式、数据的所有者、数据的提供方式等有关信息，为网络上的潜在用户提供了数据查询检索的途径，为用户发现、访问、评价、购买并有效地使用数据提供了捷径。目前涉及元数据的标准较多，如《地理信息　元数据》（GB/T 19710—2005）、《地理信息—元数据—影像与格网》（ISO 19115—2：2010）、《草业资源信息元数据》（NY/T 1171—2006）农业行业标准。如何针对农业空间信息的特点，制定适宜于农业空间信息元数据成为必需。农业空间信息元数据标准应全面、系统、科学地对农业空间信息元数据描述方法和结构、全集元数据内容结构和数据字典、核心元数据内容、元数据扩展机制和标准的一致性等作出明确的规定，为农业空间信息元数据采集建库、信息共享和服务提供依据。

（6）农业空间信息数据获取标准　农业空间信息数据获取的方法包括几种类型：①网络方法。通过网络查询、检索等方式收集农业空间信息，主要收集适时信息。②调查方法。通过调查获取农业空间信息，包括抽样调查、专项调查等。③研究方法。通过农业空间信息图形数字化、模型模拟、监测评价等专项研究以及采用航空、航天影像提取等技术获得农业空间信息。④采访方法。通过采访获取农业空间信息。⑤交换方法。通过与有关机构的数据交换获得农业空间信息。⑥采购方法。通过订购、选购、委托代购等方式获得农业空间信息。由于农业空间信息获取的方法以及获取的数据类型不同，对数据质量的要求也不同，则农业空间信息数据获取标准所涉及的内容有所不同，主要规范农业空间信息数据的获取环境、方法、数据处理工艺流程、数据成果的技术指标等。

农业空间信息常规数据获取标准内容应包括：数据获取任务流程概述；数据分类和编码；数据获取方法、记录要求、质量控制要求等。其中，空间数据获取标准内容应包括：①数据获取任务流程概述以及空间数据源、获取方法、获取内容说明；②空间数据获取的地理参照系、地图投影规定和控制基础说明；③空间数据的分类和编码，包括空间数据的组织、分层、分类与编码；④数据获取过程要求说明，包括输入前准备、几何图形数据的获取、属性数据获取、属性和几何数据的联接、空间数据的编辑和检核要求等；⑤数据质量要求，包括数据获取质量要求、质量控制、数据质量评价等。农业空间信息野外数据获取规范内容应包括：数据获取任务流程概述以及获取目的、内容说明；获取单元和样点的布设要求；数据获取的方法、质量、记录的要求；数据汇总与质量评价规定等。

（7）农业空间信息数据更新标准　该类标准主要规范农业空间信息数据更新的原则、要求、环境、方法、过程、精度要求等技术指标。

（8）农业空间信息数据产品规范　产品是一组将输入转化为输出的相互关联或相互作用的活动结果。在经济领域，产品通常也可理解为组织制造的任何制品或制品的组合。数据产品是指有效运用数据分析实现产品过程，从海量数据中挖掘出对用户有价值的信息，以直观、有效的表现形式，为用户决策提供支持和服务。农业空间信息数据产品包括矢量、栅格、影像形式的空间数据产品，如数字土壤图、农作物种植适宜性评价图、MODIS 影像图；也包括属性数据产品，如气象站点观测数据；还包括信息系统软件和硬件产品，如草地管理信息系统、土壤湿度测量仪等。数据产品也可以是原始数据产品以及从原始数据产品中衍生出的数据产品。农业空间信息数据产品规范主要定义和描述数据产品范围、标识、数据内容和结构、参照系、数据质量、数据获取、数据维护、图示表达、数据产品交付等内容和要求，是数据生产者的工作依据，也方便使用者根据数据产品规范选择、购置和使用农业空间信息数据产品。

3. 管理标准类　管理标准类是支持农业空间信息数据安全保密、质量控制和存储的标准。

（1）农业空间信息数据安全与保密　随着信息化的深入发展，信息系统的数据安全问题成为人们关注的重要问题。数据安全主要包括数据的保密性、完整性、可用性、可鉴别性和授权安全。农业空间数据安全与保密规范需要提出数据在系统核心层、内部层和外部服务层的安全与保密机制，以便农业空间信息得到更广泛地应用。

（2）农业空间信息数据质量控制　数据质量直接影响到农业空间信息在应用、分析、决策中的正确性和可靠性，因此提出农业空间信息在采集、分析处理、管理、共享服务过程中的数据质量控制要求，具有十分重要的意义。农业空间信息数据质量控制标准应包括对数据采集、管理、共享服务等的数据质量量化元素和非量化元素的数据质量控制要求以及数据质量评价规定。数据质量量化元素包括数据的完整性，即检查要素、属性和关系的存在和缺失（GB/T 21337，2008）；数据的逻辑一致性，即对数据结构、属性及关系的逻辑规则的符合程度；位置准确度，即空间数据要素位置的准确度；时间准确度，即数据要素时间属性和时间关系的准确度；专题准确度，即量化属性的准确度、非量化属性的正确性、要素分类及其关系的正确性。数据质量非量化元素包括建立数据库的目的、数据源的信息以及数据采集、处理、转换、维护的说明等。数据质量评价规定包括数据质量评价方法的选择（如直接评价法、间接评价法），对数据建立过程和最终检查的数据质量检测以及给出数据质量评价结果报告（GB/T 21336，2008）。

（3）农业空间信息产品检测　产品测试的目的是验证产品是否满足产品说明、相关标准规范等规定的质量要求。通过测试发现错误或缺陷，为产品的质量测量和评价提供依据。农业空间信息产品检测规范涉及空间数据处理和产品服务的全过程中所涉及的数据、系统、产品服务等方面检查测试技术要求。农业空间信息产品检测规范可以参照《计算机软件测试规范》（GB/T 15532—2008）、《地理信息　一致性与测试》（GB/T 19333.5—2003）等标准，规定产品测试类别、测试过程、测试方法、测试管理、测试文档编写、测试工具选择等。

（4）农业空间信息存储与归档　农业空间信息存储与归档方式包括电子文件、纸质资料等，电子文件指在数字设备及环境中生成，以数码形式存储于磁带、磁盘、光盘、硬盘等载体，依赖计算机等数字设备阅读、处理，并可在通信网络上传送的文件、数据库等（GB/T 18894—2002）。农业空间信息存储与归档规范涉及数据的组织和命名，压缩、恢复、存储与备份的规则、方式和方法等方面的技术要求。

4. 应用系统开发标准类 基于农业空间信息的各种应用系统是农业信息化最活跃的部分，例如，草地退化预警信息系统、农作物播种面积遥感监测系统、农业管理决策支持系统等都是应用系统的实例。应用系统开发标准类主要涉及农业空间信息数据获取、生产加工、存储维护和服务等方面的系统建设技术要求。

（1）农业空间信息应用软件设计开发规范 随着农业信息技术的发展，农业空间信息领域取得了一批农业空间信息化软件系统成果，如草地野外信息实时采集系统、农情遥感监测系统等，促进了数据采集的自动化处理，为农业生产决策提供了科学数据支撑。但是由于缺乏统一的农业空间信息应用软件设计开发规范，使得这些软件系统单件生产的效率水平较低，重复利用性较差，因此，建立面向信息采集、决策处理等各个环节的软件系统设计规范成为必需。农业空间信息应用软件设计开发规范应该基于国内外已有的软件设计规范，根据农业空间信息软件设计需求进行制订，其主要内容应包括软件需求、软件设计、软件构造、软件测试、软件维护、软件配置管理等内容。

（2）农业空间信息系统建设规范 农业空间信息系统建设规范从系统设计与开发角度，明确系统的功能，规范系统建设的过程，其主要内容应包括系统建设的组织与项目管理规定，系统建设的步骤要求，系统平台和系统功能等要求。系统建设的组织与项目管理包括系统建设人员的组织与管理、系统建设工作量和投入的估算与管理、系统建设风险的分析与管理、系统开发计划的制订、系统建设质量的管理等内容；系统建设步骤规定按照软件工程的要求，对系统建设准备与立项、需求分析、系统设计、系统实现、系统集成与测试、系统验收、系统运行与维护等提出要求；系统平台要求提出对数据传输与共享、系统运行的软硬件平台选择等的要求；系统功能部分主要提出系统的基本功能、辅助功能等的设计规定。

（3）农业空间信息网络系统建设规范 建立农业空间信息网络化公共技术平台是数字农业的发展趋势，如精准农业中的无线传感器网络技术可以满足精准农业信息传输的需要。目前，信息技术领域相关网络技术标准较多，例如，《信息技术 开放分布式处理参考模型 第1部分：概述》（GB/T 18714.1—2002）、《信息技术 开放系统互连基本参考模型 第1部分》（GB/T 9387.1—1998）涉及的开放分布式处理（ODP）功能规定和开放系统互联（OSI）有关应用层、表示层、会话层、运输层、网络层、数据链路、物理层技术构建规定，因此可以依据已有的信息技术标准制定农业空间信息网络系统建设规范，为加强和规范农业空间信息网络的统一建设、管理，实现农业空间信息网络互联互通，保障农业数据的实时、有效传输，提供农业生产、管理和决策的信息服务。其主要内容包括农业空间信息网络系统建设基本流程、骨干网网际互联（网络结构及拓扑、链路和带宽、网络接入设备标准、网络安全设备标准、网络管理平台标准、网络互连协议及典型业务协议等）、局域网网络建设、IP地址和域名规划、网络机房建设、网络验收测试等要求。

（4）农业空间信息数据库建设 目前，农业领域已有大量的农业空间信息数据库。由于没有统一的数据库结构和数据描述标准，所形成的数据库在描述数据库要素和属性结构方面各式各样，影响了农业空间信息共享和互操作的实现，因此，制定农业空间信息数据库标准是十分必要的。农业空间信息数据库标准应包括农业空间信息的概要描述、空间数据要素结构描述、属性数据要素结构描述等，其中农业空间信息的概要描述包括农业空间信息数据类型（如矢量、栅格、影像数据）、数据文件格式、数据精度；空间数据要素结构描述包括空间数据要素分层、几何特征、与属性的关联名称命名、要素及要素属性结构等；属性数据要素结构描述包括属性数据库表格名称命名、要素属性结构等。

（5）农业空间信息仪器设备要求规范　该类标准主要涉及农业空间信息数据获取、生产加工、服务、存储归档所涉及的计算机仪器设备、网络通信设备等相关的技术指标要求以及仪器设备检测技术指标要求等。例如，精准农业的无线传感器网络技术规范、农机通用总线标准等。

5. 信息服务标准类　农业空间信息服务是指在网络上提供空间数据、属性数据和地理功能服务，用户通过网络访问农业空间信息，并将其集成到自己的系统和应用中，而不需要额外开发特定的 GIS 工具或数据。该类标准涉及构建农业空间信息共享和应用服务网络平台，为提供系列农业空间信息产品，促进信息共享所涉及的标准。

（1）农业空间信息定位服务　定位服务是指通过运用多种技术在农业应用中为用户提供位置数据、观测时间、观测准确度等信息。例如，精准农业是由信息技术支持的根据空间变异定位、定时、定量地实施一整套现代化农事操作技术与管理的系统，其广泛采用了全球定位系统（GPS）用于信息获取和实施的准确定位，带 GPS 系统的智能化农业机械装备技术自动控制精密播种、施肥、洒药机械等。该类标准规定定位服务接口所需的数据结构和操作以及基于位置的服务，使得面向空间的系统（如 GIS）可以更有效地利用这些技术进行各种实现和多种定位技术之间的互操作。

（2）农业空间信息网络服务　随着对农业空间信息共享需求的不断增长，如何使用户通过网络对农业空间信息进行有效地发现是一个突出问题。我们可以借鉴美国 FGDC 地理信息交换中心建立的以元数据为基础的地理信息分发服务系统，通过网络目录服务、格式转换服务、地图服务等，促进农业空间信息的共享。农业空间信息网络服务标准涉及基于网络的农业空间信息服务，包括目录服务、万维网地图服务、网络覆盖服务、网络要素服务、注册服务等。

（3）农业空间信息数据接口和交换　农业空间信息数据类型包括空间数据、属性数据等，其中属性数据的数据交换格式较简单，但空间数据的数据交换较复杂。由于空间数据分布在不同的地域、不同的应用部门，且存储结构和管理方式不同，如有些空间数据采用 ARCINFO 软件的 Shapefile 格式存储，有些采用 Autodesk 的 DXF 格式等，数据的共享和互操作问题变得尤为突出。因此，需要遵循统一的空间数据交换格式标准以及空间数据交换技术标准，进行数据交换，提高农业空间信息的利用率。我国发布的《地理空间数据交换格式》（GB/T 17798—2007）规定了矢量数据、影像数据、格网 GIS 数据以及数字高程模型（DEM）等的数据交换格式（表 1-6）。其中矢量数据交换格式为 CNSDTF-VCT 数据模型，CNSDTF 采用 ASCⅡ码文件，便于查看和理解，其定义的概念模型包括 3 个部分：空间现象、用于表示空间现象的空间对象模型和解释空间对象与空间现象相互联系的空间要素模型；影像数据交换格式一般采用 TIFF 或 BMP 等格式，但需将大地坐标在影像上的定位信息以及像素的地面分辨率等信息添加到 TIFF 或 BMP 等文件上，附加的信息用格式化纯文本格式另写一个文件；格网数据交换格式采用 CNSDTF-RAS 数据模型或 CNSDTF-DEM 数据模型，格网的值是该格网的要素类型编码或高程。农业空间信息数据交换格式可以参照 GB/T 17798—2007，并根据农业空间信息数据的特点来制定。

表 1-6　地理空间数据交换文件名后缀

数据类型	文件名后缀
矢量数据	.VCT
影像数据	.TIF/.BMP
影像数据的附加信息	.IMG
格网数据	.RAS 或 .DEM

在地理空间数据交换技术方面，ISO/TC 211 推出地理标记语言（Geography Markup Language，GML），作为构建开放地理数据互操作平台的基础。GML 是一种以 XML 模式书写的 XML 语法，用于描述地理信息应用模式以及传输和存储地理信息。GML 提供了各种不同类型的对象来描述地理信息，这些对象包括地理要素、坐标参照系、几何、拓扑、时间、度量单位等 28 个核心模式。我国已将 ISO 的 GML 转化为国家标准《地理信息　地理标记语言（GML）》（GB/T 23708—2009）。农业空间信息网络技术平台建设中，各级节点间空间数据的有机交换与共享，可以通过基于 GML 的多源异构空间数据交换模型，实现网络环境下的异构空间数据交换，就需要制订农业空间信息空间数据模型、交换格式和技术规范，实现农业空间信息的网络交换和共享。

（4）农业空间信息图示表达　不同的应用系统具有不同的显示空间要素的图形标准，例如，农作物播种面积遥感监测图示的表达与草地沙化监测的图示表达不同。农业空间信息图示表达不仅是以数字图集形式存储在应用系统中，还要将制图规范体现在标准图库中，作为用户借助该系统编制农业空间信息图的统一标准。农业空间信息图示表达规范内容可以包括图示表达模式，即定义图示表达操作的图示表达服务，可以是视觉图，也可以是包括听觉、触觉和其他介质的规定；也包括为要素类定义图示表达规则的图示表达目录包以及定义图示表达服务所需要的潜在参数的图示表达规范。农业空间信息图示表达规范还应规定要素符号的分类、尺寸、定位符号的定位点和定位线、符号的方向和配置、图廓的整饰、图形符号颜色、注记等内容。

（5）农业空间信息共享与发布规定　农业空间信息包括大量的空间数据和属性数据，有些数据可以无偿地公开，提供共享服务，还有相当一部分数据资料涉及知识产权和版权等问题，需要设定使用权限，提供有偿服务。因此，农业空间信息数据共享与发布类标准规定数据无偿公开、无偿保密、有偿共享等数据共享类型分类，规定数据共享服务对象类型和权限、数据网络共享途径以及数据发布规定，保证农业空间信息得到更广泛的应用。

6. 应用层标准类　农业空间信息通用标准为农业各个领域空间信息系统建设和应用提供了基础和指南，但是由于不同领域的信息化建设具有不同的需求，因而以通用标准作为基础标准，制定基础标准的专用标准，或者各自领域的空间信息应用标准，才能满足不同领域的需求，如土壤信息获取、管理、服务的系列标准，农情遥感监测业务的系列标准等。采用专用标准形成机制制定农业空间信息专业或专项标准，不仅能保证各个农业空间信息专用标准与通用标准的协调一致性，也能保证农业空间信息的互操作实现。

第二节　农业空间信息分类体系

农业空间信息分类是农业空间信息采集、管理、共享的基础。目前，与农业空间信息有关的分类体系，或者没有详细、完整地体现农业空间信息的属性特性，或者忽略了农业空间信息的时空特性，因此，有必要结合农业空间信息的特点，吸收近年来与农业空间信息分类有关的一系列研究成果，提出农业空间信息分类方案，以实现完整表征农业空间信息的本质特征，促进农业空间信息的科学管理和标准化，最终实现信息共享。

一、研究进展

1. 地理信息分类体系中的农业空间信息分类　目前，与农业空间信息分类相关的国家标准包括《基础地理信息要素分类与代码》（GB/T 13923—2006）和《地理信息分类与编码规则》（GB/T 25529—2010）。GB/T 13923 是在我国现有 1∶（500～1 000 000）地形图图式及其相关的地形要素分类与代码的基础上，采用线分类法，从基础地理信息角度对地理信息要素进行了系统而全面的整理、归类与补充。通过要素的分类和编码，确定类别、等级明确的代码结构，以满足我国当前大、中、小不同比例尺基础地理信息数据的采集、建库以及数据交换、应用等需求。要素类型按从属关系依次分为 4 级：大类、中类、小类、子类，大类包括定位基础、水系、居民地及设施、交通、管线、境界与政区、地貌、土质与植被 8 类。与农业空间信息有关的分类如表 1 - 7 所示。

表 1 - 7　GB/T 13923—2006 与农业空间信息有关的分类

序号	要　素			分类代码
3	居民地及设施			300000
		农业及其设施		330000
		排灌设施		330100
			抽水站	330101
		饲养场		330200
		水产养殖场		330300
		温室、大棚		330400
		粮仓（库）		330500
	科学观测站			370000
		科学观测台（站）		370100
		气象站		370101
		环保监测站		370105
		科学试验站		370300
8	植被与土质			800000
		农林用地		810000
			地类界	810100
			田埂	810200

（续）

序号	要 素				分类代码
8	植被与土质		耕地		810300
				稻田	810301
				旱地	810302
				菜地	810303
				水生作物地	810304
				台田、条田	810305
			园地		810400
				果园	810401
				桑园	810402
				茶园	810403
				橡胶园	810404
				其他园地	810405
			林地		810500
				成林	810501
				幼林	810502
				灌木林	810503
				竹林	810504
				疏林	810505
				迹地	810506
				苗圃	810507
				防火带	810508
				零星树木	810509
				行树	810510
				独立树	810511
				独立树丛	810512
				特殊树	810513
			天然草地		810600
				高草地（芦苇地）	810601
				草地	810602
				半荒草地	810603
				荒草地	810604
		土质			830000
			盐碱地		830100
			小草丘地		830200
			裸土地		830300
				龟裂地	830301
				白板地	830302

（续）

序号	要素			分类代码
8	植被与土质	土质	石砾地	830400
			沙砾地、戈壁滩	830401
			石块地	830402
			残丘地	830403

　　GB/T 25529 是支持跨部门、跨领域、多源、多时相、多尺度地理信息整合与管理的基础性标准，是对多源地理信息进行的统一分类组织和编码。该标准采用线分类法将地理要素类型分为门类、亚门类、大类、中类和小类 5 个层次。其中，门类是根据地理信息的来源和使用的普遍性划分为 3 类，即基础要素类、专业要素类和综合要素类，然后将 3 个门类进一步细分为 16 个亚门类。与农业空间信息有关的分类见表 1-8。

表 1-8　GB/T 25529—2010 与农业空间信息有关的分类

门类名称	门类代码	亚门类名称	亚门类代码	大类、中类名称	大类、中类代码
基础要素类	1	基础覆被要素	14	土地利用	14100
				土地利用地类要素	14101
				土地利用地类单元界线	14102
				土地利用线状地类	14103
				土地利用零星地类	14104
				土地利用地类变更	14105
				土地利用类型分区	14106
				其他土地利用要素	14199
				土地覆被	14200
				土地覆被地类要素	14201
				土地覆被地类单元界线	14202
				土地覆被线状地类	14203
				土地覆被零星地类	14204
				土地覆被地类变更	14205
				其他土地覆被要素	14299
				土壤覆被	14300
				土壤类型要素	14301
				土壤类型单元界线	14302
				土壤肥力定位监测点	14303
				其他土壤覆被要素	14399
		遥感遥测要素	16	地面遥感应用支撑设施	16400
				观测点	16402
				样地	16403

（续）

门类名称	门类代码	亚门类名称	亚门类代码	大类、中类名称	大类、中类代码
专业要素类	2	自然资源要素	21	土地资源要素	21100
				土地资源分布	21101
				土地资源调查要素	21102
				土地资源工程要素	21103
				土地资源开发利用要素	21104
				土地资源管理与统计要素	21105
				土地资源保护要素	21106
				土地资源评价与开发利用规划	21107
				水资源要素	21200
				水资源分布	21201
				水资源区划	21202
				水资源调查与水资源观测站网	21203
				水资源利用要素	21204
				水利工程与相关配套工程设施	21205
				水资源评价与开发利用规划	21206
				水资源管理与统计要素	21207
				水资源保护及整治工程与配套设施	21208
				草地/草原要素	21600
				草地/草原资源类型要素	21601
				草地/草原资源区划	21602
				草地/草原资源调查要素	21603
				草地/草原资源利用要素	21604
				草地/草原资源评价与管理要素	21605
				气候资源要素	21800
				气候资源区划	21801
				气象观测台、站、点及其配套设施	21802
				气象动态监测评价与天气预报	21803
				气象资源开发与工程设施	21804
				其他自然资源及其开发利用要素	21900
				土壤资源要素	21901
		环境与生态要素	22	生态环境要素	22100
				自然地理与生态环境区划	22101
				生态专项区划	22102
				生态环境观测站网	22103
				全球气候变化及响应要素	22104
				生态环境监测评价与保护要素	22105
				重点地区生态环境考察与评价要素	22106

（续）

门类名称	门类代码	亚门类名称	亚门类代码	大类、中类名称	大类、中类代码
专业要素类	2	环境与生态要素	22	重点生态建设工程及其评价要素	22107
				流域综合整治要素	22108
				环境污染监管与环境保护	22200
				环境监测站网及其配套设施	22201
				农村环境污染监测与治理要素	22203
				重点土壤改良区	22205
				荒漠化和沙化土地要素	22600
				荒漠化和沙化土地资源分布要素	22601
				荒漠化和沙化土地调查和监测要素	22602
				荒漠化和沙化防治要素	22603
				荒漠化和沙化土地资源利用要素	22604
				荒漠化和沙化土地资源管理和统计要素	22605
				荒漠化和沙化土地资源规划和区划	22606
				荒漠化和沙化土地资源评价要素	22607
				荒漠生态系统自然保护区	22608
				生态系统要素	22700
				草原生态系统要素	22702
				荒漠生态系统要素	22704
				农村生态系统要素	22706
				农业生态系统要素	22707
		灾害与灾难要素	23	洪涝灾害	23100
				灾害预测预报预警	23104
				灾害评估分析	23107
				旱灾	23200
				灾害预测预报预警	23204
				灾害评估分析	23208
				气象灾害与海洋灾害	23300
				冰雪灾害监测预报与灾情动态监测评价要素	23304
				风沙灾害监测预报与灾情动态监测评价要素	23305
		经济与社会要素	24	经济区划	24100
				统计城乡地域	24101
				专业或专题经济区划	24102
				产业发展基地或聚集区	24112
				重点开发整治区	24113
综合要素类	3	综合对地观测地理要素	33	综合对地观测地理要素	33100
				影像、专题地理要素	33102

以上两个国家标准虽然表现了农业空间信息的空间特征，但农业空间信息的属性特征表达得不完整、不详细，例如，土地资源调查要素中类中，需要详细划分农作物播种面积、农作物长势调查信息；旱灾大类中需要详细划分出农业旱灾、土壤墒情监测信息等。在地理信息分类和编码标准中，虽然把地理信息分为基础、专题、综合3种类型，用基础地理数据来配准专题数据，达到利用GIS进行建库的目的，适应了行业现状与数据途径来源，但是农业部门的空间数据不都是在基础地理数据的基础上收集的，因此以上两个标准不完全适用农业领域的应用。

2. 农业信息分类中的农业空间信息分类　对农业信息相关概念的定义，不同学者的看法不同。俞新凯等（2011）认为农业信息就是农业生产前、生产中、生产后全过程涉及的各种数据、情况、资料、指令、政策、计划等工作的总称。农业信息不仅泛指农业及农业相关领域的信息集合，更特指农业信息的整理、采集、传播等农业信息化进程。那么，农业信息化是指利用现代信息技术和信息系统为农业产供销及相关的管理和服务提供有效的信息支持，并提高农业的综合生产力和经营管理效率的相关产业的总称，具体内容包括：农民生活消费信息化、农业生产管理信息化、农业科学技术信息化、农业经营管理信息化、农业市场流通信息化、农业资源环境信息化、农业管理决策信息化。刘爱英（2010）认为农业信息可以理解为覆盖农业领域，经过加工处理，影响着人们行动和决策的有用数据，其除了具有信息的普遍性、依附性、时效性、可感知性、可处理性、可增值性、可传递性、非消耗性等一般性质外，基于农业生产的季节性、地域性和天然性，还具有时间上的阶段性、空间上的分散性以及层次性、多样性、差异性和风险性等由"农业特点"决定的特性，在利用农业信息促进农村经济发展的时候，必须把农业信息看作一种与资本、劳动、土地类似的要素。李道亮（2008）认为农业信息化就是农业全过程的信息化，即在农业领域全面地发展和应用现代信息技术，使之渗透到农业生产、市场、消费以及农村社会、经济、技术等各个具体环节，加速传统农业改造，大幅度地提高农业生产效率和农业生产力水平，促进农业持续、稳定、高效发展的过程。由于对农业信息的含义认识不同，农业信息分类体系也不同，表1-9总结了几个农业信息的分类体系。

表1-9　几个农业信息分类体系

分类依据	划分类型	来源
信息活动行为	农业生产管理、农业经营管理、农业市场流通、农业科技教育、农业资源环境、农民生活消费、农业管理决策及政策法规、农村社会经济	俞新凯等，2011；牛振国等，2003；李道亮，2008；王健，2004
商品对象	粮油、蔬菜、水果、水产、畜禽、花卉、农副产品、生产资料等	俞新凯等，2011；郭书普，2003
信息内容表现形式	文本、数字、图表、图片、声音、演示稿、视频	俞新凯等，2011
信息表达内容所属文种	政策法规、政务公开、新闻报道、价格行情、科普知识等	俞新凯等，2011
信息的功能作用	政务办理、信息查询、在线论坛、问卷调查、上传/下载、电子商务等	俞新凯等，2011
信息发生的时间	历史信息、当前信息和预测信息	俞新凯等，2011
信息时效特征	实时信息、准实时信息和延时信息	俞新凯等，2011
信息空间范围	世界、全国、各地方的农业信息	俞新凯等，2011
信息内容变化的频度	静态信息和动态信息	俞新凯等，2011

以上几个农业信息分类体系忽略了农业空间信息是农业与地理空间位置交叉融合的体现，没有表达出农业空间信息的时空特征。因此，需要在农业空间信息特征分析的基础上，提出一套较合理的农业空间信息分类体系。

二、农业空间信息定义和特征

1. 农业空间信息定义　建立农业空间信息的分类体系需要明确农业空间信息的定义及特征。王人潮等（2003）提出农业空间信息科学的定义是运用现代高新技术研究和调控农业生产活动中的信息流的科学，既以农业科学和地球科学的基本理论为基础，以农业生产活动及其环境资源条件与社会经济信息为对象，以地理信息系统（GIS）、全球定位系统（GPS）、遥感（RS）、计算机技术、自动化技术、通信和网络技术等信息技术为支撑，进行信息采集、处理分析、存储传输等具有明确的时空尺度和定位含义的农业信息的输出与决策，研究和解决农业生产活动信息及其环境资源之间变化规律的科学。从该定义可以看出，农业空间信息是一种具有时空尺度和定位含义特征的信息。

笔者借鉴地理信息的定义，引申出农业空间信息的定义。地理信息是指与地球上的位置直接或间接相关现象的信息（ISO 19101，2002）。农业空间信息既是地理信息的组成部分，也是农业信息的组成部分。因此，农业空间信息是指与地球上的位置有关的表述农业及农业生产特征与属性的信息，包括农业自然资源信息、农业生态环境信息、农业社会经济信息。农业自然资源信息是指自然界存在的，可为农业生产原材料的物质和能量的信息总称，包括土地与土壤资源、水资源、农业气候资源、生物资源（如作物资源、草地资源、渔业资源等）等信息；农业生态环境信息包括与农业生态环境和农业灾害有关的信息；农业社会经济信息包括社会、经济、技术因素中可用于农业生产的各种要素，如人口、劳动力、农业投入、农业产值、农村市场等信息。

2. 农业空间信息特征　农业空间信息除有地理信息的特征外，也有其特殊的特征。农业空间信息特征包括：

（1）空间位置特征　是农业空间信息区别于其他类型农业信息的最基本特征，它表征了事物或现象所处的空间位置或地理区位。空间位置特征由空间定位数据来表达，用坐标数据表示。根据需要可以采用不同的坐标系统，如以经纬度表示的地理坐标系、以方里网表示的平面坐标系以及在此基础上加入高程坐标的三维坐标系统，或者以地理标识符（如地名、邮政编码、行政区划编码等）表示的空间参照系统。农业信息中的文献数据、法律法规数据等由于没有空间位置特征，就不属于农业空间信息的范畴。

（2）属性特征　是农业空间信息的定性或定量特征的抽象，它规定了农业空间信息的要素特征以及与要素之间的语义关系等。农业空间信息的要素特征与语义内涵，即属性信息是农业空间信息分类的基本依据。

（3）时间特征　是指现象或事物随时间的变化，在需要对事物或现象的动态变化规律作分析时，需要用到时间维信息。例如，农作物播种面积空间变化信息、土壤养分空间变化信息等都具有时间特征。

（4）数据异构性　农业空间信息是对农业自然资源、农业生态环境、农业社会经济等信息对象或现象的反映。由于对象或现象数量庞大、特性复杂，再加上信息采集的多来源、多渠道，因此农业空间信息具有复杂、异构的数据结构。

（5）应用广泛性　农业空间信息的应用需求多样而广泛，多样的需求对农业空间信息的获取、组织与管理提出了更多的要求。

三、农业空间信息分类方案

对农业空间信息可以从多个角度进行分类。从数据来源划分，农业空间信息可以包括：①野外采集信息。即通过野外实地调查和测量获取的数据，如动物群落调查数据、土壤调查数据、大气指标监测数据等。②航空航天遥感数据。航空航天遥感影像提供了现势的时空数据，可以在不同尺度下通过遥感信息提取和实地验证相结合等方法监测农用地面积、农作物长势、病虫害、沙化退化等各种农业自然要素的调查和监测。③地图数字化数据。有些历史数据的主要表达形式或载体是地图，如 20 世纪 80 年代的土壤图，所以数字化地图就成为农业空间信息的数据来源之一。④研究数据。通过模型算法获得的数据，例如，由于牧草生长环境和空间关联性的特点，通过采样点数据对整个区域数据有科学依据的理论推测得到数据，诸如牧草病虫害分布、草原土壤墒情调查等。⑤社会统计和普查数据。通过年度统计或普查的方法获得的数据，如农业人口统计数据等，也是农业空间信息数据源之一。从专业上可以将农业空间信息划分为与空间位置直接或间接相关的农业自然资源信息、农业生态环境信息、农业社会经济信息等。从数据表达类型可以将农业空间信息划分为矢量数据、栅格数据、影像数据、表格数据等。

根据对相关农业空间信息分类研究成果的分析，结合农业空间信息特征，提出农业空间信息分类体系方案。将农业空间信息分类体系划分为三级类，一级类主要根据农业空间信息属性特征划分为农业自然资源信息、农业生态环境信息、农业社会经济信息、农业综合信息 4 类。在每个一级类下，根据业务分工进行二、三级类的划分。农业空间信息分类体系如表 1-10 所示。

表 1-10　农业空间信息分类体系方案

一级分类	二级分类	三级分类
农业自然资源	农业气候资源	农业气候指标分布
		气象观测台、站、点分布
		农业气象动态监测评价
		……
	农业水资源	水资源分布
		水资源调查
		水资源评价
		水资源观测站网
		……
	农业土地资源	农用地资源分布
		农用地监测
		后备农业土地利用资源
		农用地资源评价
		……

（续）

一级分类	二级分类	三级分类
农业自然资源	草地资源	草地资源类型分布
		草地资源调查
		草地资源评价
		……
	土壤资源	土壤类型分布
		土壤肥力调查
		土壤肥力评价
		土壤肥力定位监测点
		……
	农作物资源	作物遗传资源数据（如作物物种分布）
		作物育种数据（如农作物品种区域试验数据）
		作物栽培数据库（如作物长势监测、作物苗情监测）
		……
	动物资源	畜禽资源与遗传育种数据库（如中国地方猪品种数据库）
		害虫分布
		……
	渔业资源	渔业生物资源数据库（如产卵场、索饵场、越冬场、洄游路线、内陆鱼类资源调查、海洋生物资源动态监测鱼类数据库）
		水产养殖数据库（如淡水、海水养殖面积）
		渔业基础设施状况数据库（如渔港数量、分布、功能与现状数据库，鱼礁数量、分布、功能与现状数据库，苗种场数量、分布、功能与现状数据库）
		……
农业生态环境	农作物生态环境	农作物生态环境调查
		农作物生态环境评价
		农业生态环境观测站网
		农业生态保护区分布
		……
	草原生态环境（天然、人工）	草原生态环境调查与观测
		草原生态环境评价
		草原生态环境观测站网
		草原生态保护区分布
		……

（续）

一级分类	二级分类	三级分类
农业生态环境	渔业生态环境	渔业生态环境调查（如海洋表面温度、海洋表层叶绿素图、海水水质、海洋浮游植物数量分布及种类构成、内陆环境要素鱼卵仔稚鱼数据等）
		渔业生态保护区分布渔业保护区（如中国水生生物与水域生态自然保护区数据库）
		……
	荒漠生态环境	荒漠生态环境调查
		荒漠生态环境评价
		荒漠生态系统观测站网
		荒漠生态系统自然保护区分布
		……
	农业灾害	农业旱灾（如农业干旱、草地旱情、土壤墒情等）
		病害（如农作物病害分布）
		虫害（如农作物虫害分布）
		农业洪涝灾害
		农作物低温冷冻害
		农业雪灾
		农业风沙灾害
		农业污染（如土壤污染、海水污染）
		……
农业社会经济	农业社会资源	农业人口分布（包括农业劳动力分布等）
		……
	农业经济资源	农作物生产与经济统计
		草地生产与经济统计
		渔业生产与经济统计
		畜牧业生产与经济统计
		……
	农业旅游资源	农业旅游资源分布
		……
	农业市场经营管理	农业市场流通（如区域农产品价格）
		农业经营管理（如农业经营单位分布）
		……
	农业科教管理	农业科研管理（如农业科研院所分布）
		农业教育管理（如农业大专院校分布）
		……

（续）

一级分类	二级分类	三级分类
农业综合信息	农业区划	综合农业区划
		农业自然区划
		农业技术措施区划
		农业部门区划
		农业经济区划
		其他专题区划
	农业遥感	农业遥感基础数据（如原始影像、农作物波谱数据等）
		农业遥感监测数据（农作物遥感监测、农业灾害遥感监测等）
		……

第三节　农业空间信息元数据

随着我国农业空间信息化工作逐步深入，农业各个部门已经拥有来源于国家、省、地市等各个层次的大量农业空间信息，如数字土壤、农情遥感监测、精准农业、农业统计调查数据等农业空间信息。作为农业空间信息数据拥有者，急需一条有效的途径，最大限度地使农业空间信息能够得到广泛的应用和共享。作为数据使用者希望能够通过网络从海量的数据中快速准确地发现、访问、获取和使用所需的农业空间信息，以避免数据的重复建设。因此，建立一套合理的数据共享方法，对实现农业空间信息的有效利用和共享具有极其重要的意义。元数据是解决农业空间信息共享的有效方法之一。

元数据是关于数据的数据（GB/T 19710—2005），用于描述数据集的内容、覆盖范围、空间参照、数据质量、管理方式、数据的所有者、数据的提供方式等有关的信息。元数据可以用于许多方面，包括数据文档建立、数据发布、数据浏览、数据转换等。同时，元数据对于建立空间数据交换网络是十分重要的，网络中心通过元数据库可以实时地链接各个分发数据的分结点元数据库，帮助用户找到其特定应用所需的数据，实现数据共享。因此，农业空间信息的共享目标可以通过网络，依靠元数据进行导航来实现。

一、国内外元数据标准进展

保证元数据共享与互操作的唯一途径是元数据内容的标准化。目前元数据标准主要涉及两方面的内容，一个是描述与空间位置有关的地理信息/影像元数据标准（表1-11），另一个是描述图书文献、档案、多媒体等用于文献目录检索的元数据标准（表1-12）。这些标准都是农业空间信息元数据确定的依据。

与地理信息相关的元数据标准研制与实施已引起各国广泛重视。美国联邦地理信息委员会（FGDC）在1994年发布了"数字地理空间元数据内容标准"（CSDGM）（FGDC，1998），通过建立国家地理空间数据交换网络，使用户查找所需的信息，达到地理空间数据共享。澳大利亚

/新西兰土地信息委员会（ANZLIC）1995年完成了"土地及地理数据目录元数据框架"，确定了描述地理信息核心元数据元素（ANZLIC，1995）。国际标准化组织地理信息技术委员会（ISO/TC 211）在2003年5月发布了《地理信息　元数据》（ISO 19115：2003）国际标准，2008年发布了针对影像数据的元数据国际标准《地理信息　元数据　影像》（ISO 19115—2：2008）。各国也相继以ISO 19115的地理信息元数据标准为参考，修改或制定本国的元数据标准，以便与国际标准保持一致。我国也将其修改采用为《地理信息—元数据》（GB/T 19710—2005）国家标准。国际、国家地理信息元数据标准是基础性标准，定义的是通用的地理信息元数据，元数据实体和元素超过400多个，不直接针对某一特定领域。因此，在这些元数据标准的基础上，国内外出现了针对某个应用的元数据标准，例如，美国国家航空与航天局（NASA）为遥感数据的描述及不同系统之间的数据交换制定了目录交换格式（DIF）元数据标准（NASA，1999），我国也有"中国生物多样性核心元数据标准"（徐海根，2000）、"可持续发展共享元数据标准"（国家基础地理信息中心，2000）、《国土资源信息核心元数据标准》（TD/T 1016—2003）土地行业标准、《草业资源信息元数据》（NY/T 1171—2006）农业行业标准等。

表1-11　国内外地理信息元数据标准

范围	标准名称
国际	1. ISO 19115：2003 Geographic information-Metadata 2. ISO 19115-2：2008 Geographic information-Metadata-Part 2 Extensions for Imagery and Gridded Data 3. OGC 05-015 Imagery Metadata 4. CEN 287 Geographic information-Metadata
中国	1. FGDC-STD-001-1998 Content Standard for Digital Geospatial Metadata 2. FGDC-STD-012-2002 Content Standard for Digital Geospatial Metadata：Extensions for Remote Sensing Metadata 3. ANZLIC Core Metadata Elements for Land and Geographic Directories in Australia and New Zealand 4. BS CWA 14857—2003 Mapping between Dublin Core and ISO 19115，"Geographic information-Metadata" 5. BS DD ENV 12657—1999 Geographic information-Data description-Metadata 6. JISC-2001 Japan Metadata Profile 7. GB/T 19710—2005 地理信息　元数据
领域	1. NASA—1999 Directory Interchange Format Writer's Guide 2. Consortium for International Earth Science Information Network—1999 CIESIN Metadata Guidelines for World Wide Web Sites 3. CH/T 1007—2001 基础地理信息数字产品元数据 4. TD/T 1016—2003 国土资源信息核心元数据标准 5. 中国地质调查局工作标准——2001 地质调查元数据内容与结构标准 6. 国家信息中心——2000 NREDIS 信息共享元数据内容标准草案 7. 中国可持续发展信息元数据 8. 中国生物多样性元数据标准 9. 中国林业科学院——2003 林业科学数据元数据标准 10. NY/T 1171—2006 草业资源信息元数据

注：ISO（国际标准化组织）、OGC（开放地理空间信息联盟）、CEN（欧洲标准化委员会）、FGDC（美国联邦地理数据委员会）、ANZLIC（澳大利亚/新西兰土地信息委员会）、BS（英国国家标准学会）、JISC（日本工业标准调查会）、GB（中国国家标准）、CIESIN（国际地球科学信息网络协会）、CH（中国测绘行业标准）、TD（中国土地行业标准）、NY（中国农业行业标准）。

描述图书、档案、多媒体等的元数据标准主要包括 ISO 为网络资源的著录与挖掘制定的《都柏林核心元素集》（DUBLIN CORE）（ISO 15836—2003）、博物馆描述艺术品的《艺术作品描述类目》（Categories for the Description of Works of Art，CDWA）、美国以及我国分别制定的用于图书馆描述、存储、交换、控制和检索的机读书目数据标准 USMARC 和 CNMARC、美国国会图书馆制订的描述档案和手稿资源（包括文本文档、电子文档、可视材料和声音记录）的《编码档案描述》（Encoded Archival Description，EAD）等（中文元数据标准研究项目组，2000）。

表 1-12　图书文献档案元数据标准

范围	标准名称
国际	1. ISO 15836—2003 Information and documentation-The Dublin Core metadata element set 2. ISO/TS 23081-1—2004 Information and documentation-Records management processes-Metadata for records-Part 1：Principles 3. ISO/IEC 11179-3—2003 Information technology-Metadata registries（MDR）-Part 3：Registry metamodel and basic attributes 4. ISO/IEC TR 20943-1—2003 Information technology-Procedures for achieving metadata registry（MDR）content consistency-Part 1：Data elements 5. ISO/IEC TR 20943-3—2004 Information technology-Procedures for achieving metadata registry（MDR）content consistency-Part 3：Value domains 6. ISO 8459-5—2002 Information and documentation-Bibliographic data element directory-Part 5：Data elements for the exchange of cataloguing and metadata
国家	1. DIN CWA 13699—2000 Model for metadata for multimedia information 2. DIN CWA 13700—2000 Requirements for metadata for multimedia information 3. DIN CWA 13989—2001 Description of structure and maintenance of the web based observatory of European work on metadata 4. BS CWA 14859—2003 Guidance on the use of metadata in Government 5. CDWA（Categories for the Description of Works of Art） 6. MARC（USMARC，CNMARC） 7. EAD（Encoded Archival Description） 8. TEI（Electronic Text Encoding and Interchange） 9. VRA（Visual Resources Association Data Standards Committee）

注：DIN（德国标准化学会）。

二、农业空间信息元数据标准制定的原则

农业空间信息属于地理信息范畴，但也有其特殊性。农业的生产、经营和科研构成比较复杂，其数据类型不仅包括以空间信息（矢量、影像、栅格等）为主的空间数据库，以属性数据为主且具有空间定位信息的数据库（如农业统计调查数据），还包括农业系列纸质图等非数字化资料。因此，农业空间信息元数据如果直接采用地理信息元数据标准，会出现应该描述的农业空间信息元数据内容在地理信息元数据标准中缺乏，或者地理信息元数据标准中大量的元数据内容对于农业空间信息不适用。因此，农业空间信息元数据的确定应从 ISO 19115 和 GB/T 19710 地理信息元数据标准、CNMARC 和都柏林核心元数据集等图书文献类元数据标准以及 EAD《编码档案描述》文档视频类元数据标准中抽取相关的元数据要素，同时增加农业空间信息特有的元数据内容构成农业空间信息元数据。

农业空间信息元数据制订的原则立足于一致性和实用性。GB/T 19710 较详尽地包容了描述各种类型地理信息数据所需的元数据实体和元素，是作为各专业、各领域、各部门制订元数据的共同基础。农业空间信息元数据在描述方式上需要与 GB/T 19710 一致，所直接引用的元数据实体和元素在名称、英文缩写名上要相同，核心元数据的内容需要包含 GB/T 19710 核心元数据的必选元素，保证与国家标准的基本一致性。但 GB/T 19710 主要针对的是矢量、栅格、影像的空间地理信息，对描述多媒体等的农业空间信息略有不足。因此考虑到农业空间信息内容的复杂性和表现形式的多样性，需要增加对多媒体等农业空间信息描述的元数据内容，使其成为更适合于农业的空间信息元数据标准，以提高标准的实用性。

三、农业空间信息元数据简介

农业空间信息元数据根据使用目的不同分为两级，即全集元数据和核心元数据。全集元数据是建立完整的数据集文档所需的全部元数据内容，以便标识、评价、使用和管理农业空间信息数据集；核心元数据是标识一个数据集所需要的最少元数据内容，以便进行数据集的编目，使用户能否通过网络快速查询到所需要的农业空间信息（姚艳敏，2008）。由于元数据类与类之间存在着复杂的逻辑结构关系，因此采用了统一建模语言（UML）描述元数据的结构关系，采用数据字典定义元数据实体和元素的语义，既保证了元数据的可读性，又顾及了元数据软件开发的需要。

1. 全集元数据 农业空间信息全集元数据主要由 8 个子集、193 个元素组成，包括标识信息、数据质量信息、表示信息、参照系统信息、内容信息、分发信息、引用和负责方联系信息以及元数据实体集信息（图 1-3）。其中，引用和负责方联系信息是公用的，为内容信息、元数据实体集信息、分发信息和数据质量信息所公用，空间参照系统信息、空间表示信

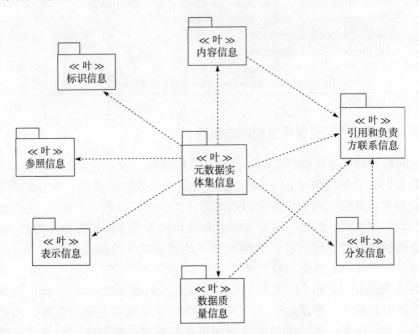

图 1-3 农业空间信息全集元数据

息主要是针对具有空间特征的农业空间信息描述而设定的。

（1）标识信息 标识信息是唯一标识数据集的信息（图1-4），主要描述农业空间信息数据集名称、生产日期、采用的语种、数据集摘要说明、数据集进展状况、数据集的表示类型（矢量、栅格、影像、表格等）、空间分辨率、关键字、数据集软硬件生成环境、数据集生产单位联系信息、数据集的空间覆盖范围（图1-5）、数据集维护和更新频率。同时标识信息还包括数据集的存储格式和数据集说明，访问和使用数据集的限制说明以及生产数据集的项目来源说明。

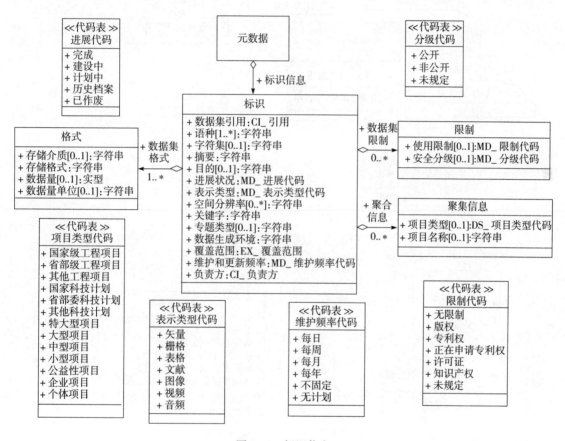

图1-4 标识信息

（2）数据质量信息 数据质量信息是对数据集质量的总体评价描述，包括数据志、数据质量定性描述和数据质量定量描述（图1-6）。数据志描述数据集的数据源和生产过程信息，包括数据集生产过程中使用的参数和算法说明以及数据源的分辨率、空间范围等的说明。数据集数据质量的定性描述包括对数据集质量的一般说明和矢量数据的接边质量说明。数据集数据质量的定量描述包括数据集在完整性（内容是否齐全）、逻辑一致性（在概念、值域、格式、拓扑关系等方面的一致程度）、定位精度、时间精度和属性精度的定量质量说明以及评价报告结果说明等。

（3）空间表示信息 空间表示信息用于描述数据集表示空间信息的方法，对于是非空间信息的数据集，该类可以不选。对于矢量数据类型的农业空间信息，需要描述数据集的几何对象类型以及是否进行了拓扑关系处理（图1-7）；对于栅格数据类型的农业空间信息，需

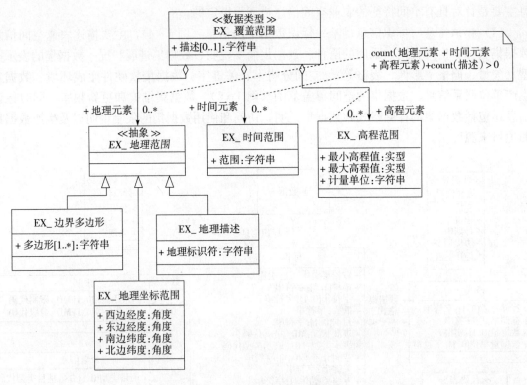

图1-5 数据集空间覆盖范围

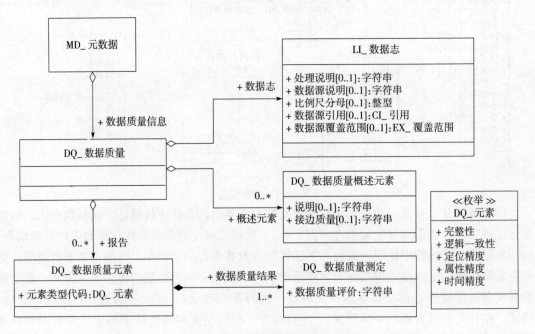

图1-6 数据质量信息

要描述数据集的数据类型（0维、1维、2维、3维等）、行数、列数、每个栅格值的含义和单位；对于影像数据类型的农业空间信息，还要描述影像类型（可见光、多光谱、雷达等）、获取影像数据的卫星名称、使用的传感器、扫描模式、星下点经纬度、影像分辨率、波段数

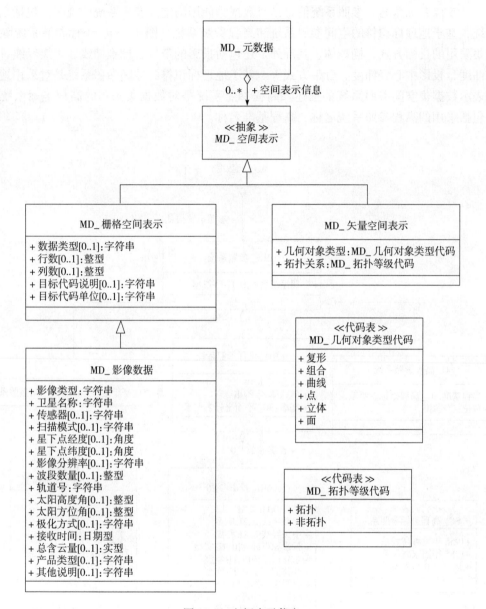

图 1-7　空间表示信息

量、影像覆盖的行列标识、太阳高度角、太阳方位角、影像的接收时间、影像总含云量、影像产品的处理级别等。由于 GB/T 19710 主要是对矢量、栅格类的地理信息描述，而遥感数据是农业空间信息的重要数据之一，除了可见光—多光谱卫星遥感，还包括雷达遥感和航空遥感数据。描述雷达遥感影像的特殊信息有：波段代码、中心波长、极化方式、侧视俯角范围、几何分辨率、遥感平台、成像时间、影像覆盖范围等。因此，在空间表示信息类中，增加了"极化方式"、"其他"两个属性，用于描述雷达遥感影像中的"极化方式"，而"波段代码、中心波长、侧视俯角范围、几何分辨率、遥感平台、成像时间、影像覆盖范围"在空间表示信息类的相应属性中可以描述。对于航空遥感数据也可以在"其他"属性中进行描述。

（4）参照系统信息 参照系统信息是对数据集使用的空间参照系统的说明，包括坐标参照系统、基于地理标识符的空间参照系统和高程参照系统（图1-8）。坐标参照系统除说明数据集采用的投影方式、椭球体、基准外，还包括投影的带号、标准纬线、中央经线、投影原点纬度、投影中心经纬度、分带方式等。基于地理标识符的空间参照系统是对采用地理标识符表示数据集空间参照系统的描述。高程参照系统是对数据集采用的高程坐标系统的说明，包括采用的高程参照系统名称、高程基准名称。

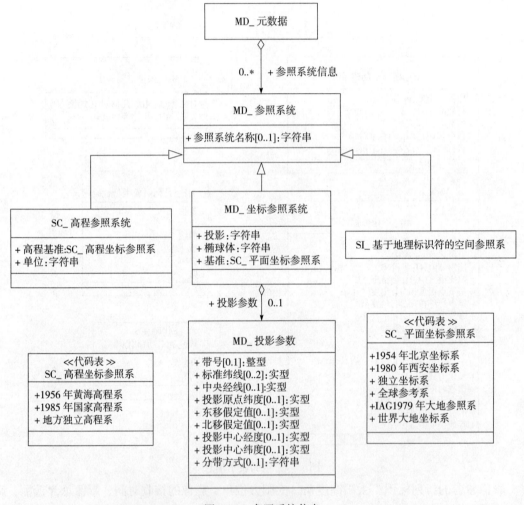

图1-8 参照系统信息

（5）内容信息 GB/T 19710的内容信息要求只描述数据集的要素类型名称，而农业空间信息有些数据集的要素类型名称相同，但包括的要素属性是不同的，因此在元数据内容信息中对要素类型和要素属性设定了较详细的元数据元素，包括数据覆盖层总数、层名、要素类型名称、要素属性名称、属性值域、属性定义等（图1-9）。

（6）分发信息 分发信息说明农业空间信息数据集的分发者以及获取数据的方法和途径，包括数据分发格式、版本和与分发者联系方式的说明（图1-10）。

（7）引用和负责方信息 该数据类型提供引用资源（数据集、原始资料、出版物等）的

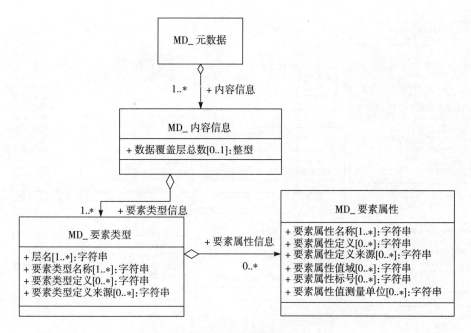

图1-9 内容信息

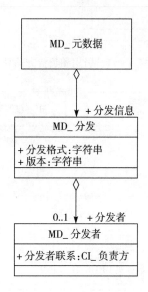

图1-10 分发信息

引用方法以及资源的负责方信息,包括电话、地址、在线资源地址等(图1-11)。由于部分农业空间信息是纸质图等数据类型,因此参考我国图书馆使用的 CNMARC 和都柏林核心元数据集,在引用信息中选择了国际标准书号(ISDN)、国际标准系列号(ISSN),以便对纸质图类的农业空间信息进行描述。

(8)**元数据实体集信息** 元数据实体集信息主要描述数据集使用的元数据标准名称、标准版本、元数据创建日期以及建立元数据单位的联系方式(图1-12)。

2. 核心元数据 核心元数据是描述农业空间数据集所需要的最少元数据元素,用于农

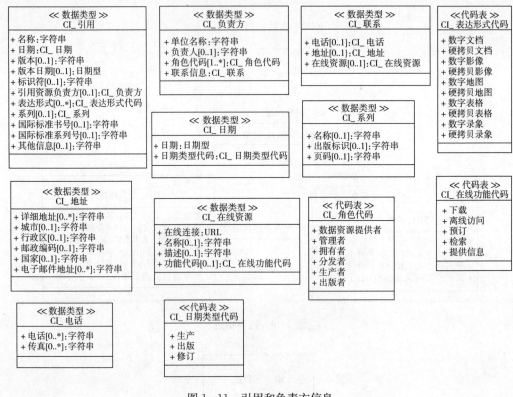

图 1-11　引用和负责方信息

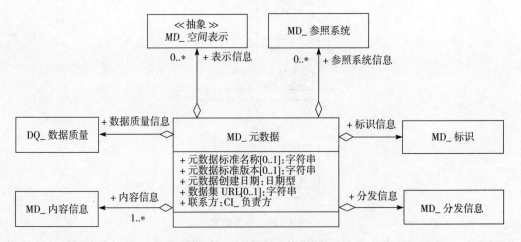

图 1-12　元数据实体集信息

业空间信息的网络快速查询。核心元数据的内容选自于全集元数据，同时为保持与 GB/T 19710 的基本一致性，农业空间信息核心元数据包括了国家标准中的必选元素，去掉了不需要的元素（如元数据采用的语种、元数据采用的字符集等），增加了一些描述农业空间信息所需的元素（如关键字、数据量等）。表 1-13 为农业空间信息核心元数据元素，其中，"M"表示该元素是必选的，"O"表示该元素是可选的，"C"表示特定条件下该元素是必选的。

表 1-13 农业空间信息核心元数据元素

子集	实体	元素
实体集信息		元数据创建日期（M）、联系方（M）（见负责单位联系信息）
标识信息	数据集引用	数据集名称（M）、版本（M）、版本日期（M）、语种（M）
		摘要（M）、进展状况（M）、表示类型（M）、空间分辨率（C）、关键字（M）、专题类型（O）、数据量（M）
	地理范围（C）	西边经度、东边经度、南边纬度、北边纬度
	地理描述（C）	地理标识符
	时间范围（C）	范围
	数据集限制（M）	使用限制、安全等级
	负责方（M）	（见负责单位联系信息）
数据质量信息	数据志	处理说明（M）、数据源说明（M）
参照系统信息		参照系统名称（C）
分发信息		分发格式（M）、版本（M）
	分发者联系（O）	（见负责单位联系信息）
负责单位联系信息（可重复使用）		单位名称（M）、负责人（M）
	联系信息	电话（M）、传真（O）、详细地址（M）、城市（M）、行政区（M）、邮政编码（M）、电子邮件地址（O）、在线连接（O）

3. 数据字典 农业空间信息元数据采用统一建模语言（UML）描述元数据类与属性之间的逻辑结构关系，采用数据字典定义元数据实体和元素的语义（表 1-13）。在数据字典中，对元数据实体和元素使用了 7 种特征进行描述：①名称/角色名称。名称是元数据的汉语名称，角色名称用于标识关联，其作用与数据库表之间进行联接的关键字类似。②缩写名。元数据的英文缩写名，可以在可扩展标记语言（XML）或其他类似的实现技术中，作为域代码使用。③定义。元数据确切含义的描述。④约束条件。元数据的适用条件，包括必选（M）、条件必选（C）和可选（O）。⑤最多出现次数。指元数据在实际使用时，可能重复出现的最多次数，只出现一次为"1"，多次重复出现的用"N"。⑥数据类型。描述该元数据所使用的数据类型，数据类型除整型、实型、字符串、日期型和布尔型等基本类型外，还包括元数据的类、构造型或关联等实现类型和派生类型。⑦域。对于元数据元素，域表示该元素的允许取值范围或与之对应的类或数据类型的名称；对于元数据类，域表示在数据字典中描述该类的行的范围；角色名称的域表示与之关联的类的名称。

四、农业空间信息元数据数据字典

1. 元数据实体集信息 UML 图形表示见图 1-12。

序号	中文名称	缩写名	定义	约束条件	最多出现次数	数据类型	域
1	MD_元数据	Metadata	关于元数据的当前信息	M	1	类	第 2~12 行
2	元数据标准名称	mdStanName	使用的元数据标准名称	O	1	字符串	自由文本

（续）

序号	中文名称	缩写名	定 义	约束条件	最多出现次数	数据类型	域
3	元数据标准版本	mdStanVer	使用的元数据标准版本	O	1	字符串	自由文本
4	元数据创建日期	mdTimeST	元数据发布或最近更新的日期	M	1	日期型	CCYYMMDD（GB/T 7408—2005）
5	数据集 URL	dataSetURL	元数据描述的数据集的网络位置（URL）	O	1	字符串	自由文本
6	联系方	mdContact	元数据负责单位的联系信息	M	1	类	CI_负责方≪数据类型≫
7	角色名称：标识信息	idInfo	数据集的基本信息	M	1	关联	MD_标识
8	角色名称：数据质量信息	dqlInfo	数据集数据质量的总体评价信息	M	1	关联	DQ_数据质量
9	角色名称：空间表示信息	spatRepInfo	数据集空间信息的数字表示	C/空间数据集	N	关联	MD_空间表示
10	角色名称：参照系统信息	refSysInfo	数据集使用的空间和时间参照系统的说明	C/空间数据集	N	关联	MD_参照系统
11	角色名称：内容信息	contInfo	数据集的内容描述	M	N	关联	MD_内容信息
12	角色名称：分发信息	distInfo	提供获取数据集所需的分发者信息	M	1	关联	MD_分发

2. 标识信息　UML 图形表示见图 1-4。

序号	中文名称	缩写名	定 义	约束条件	最多出现次数	数据类型	域
13	MD_标识	Ident	数据集的标识信息	M	1	聚集类（MD_元数据）	第14~30行
14	数据集引用	idCitation	数据集简介	M	1	类	CI_引用≪数据类型≫
15	语种	dataLang	数据集采用的语言	M	N	字符串	GB/T 4880.2—2000
16	字符集	dataChar	数据集采用的字符编码标准全名	O	1	字符串	自由文本
17	摘要	idAbs	数据集内容的简单说明	M	1	字符串	自由文本
18	目的	idPurp	开发数据集的目的说明	O	1	字符串	自由文本
19	进展状况	idStatCode	数据集的现状	M	1	类	MD_进展代码≪代码表≫
20	表示类型	spatRpType	表示农业空间信息所使用的方法	M	1	类	MD_表示类型代码≪代码表≫
21	空间分辨率	dataScale	用比例因子或地面距离表示的数据集详细程度	C/空间信息	N	字符串	自由文本

（续）

序号	中文名称	缩写名	定　义	约束条件	最多出现次数	数据类型	域
22	关键字	keyword	描述数据集主题的常用词或短语	M	N	字符串	自由文本
23	专题类型	tpCat	数据集的主题	O	1	字符串	自由文本
24	数据生成环境	envirDesc	说明数据集生产者的处理环境，包括软件、计算机操作系统、文件名和数据量等	M	1	字符串	自由文本
25	覆盖范围	dataExt	有关数据集地理范围、高程范围以及时间范围的信息	M	1	类	EX_覆盖范围≪数据类型≫
26	维护和更新频率	maintUp-Freq	数据集初次完成后，对其修改和补充的频率	M	1	类	MD_维护频率代码≪代码表≫
27	负责方	idPoC	与数据集有关的单位联系信息	M	1	类	CI_负责方≪数据类型≫
28	角色名称：数据集格式	dsFormat	数据集的格式信息	M	N	关联	MD_格式
29	角色名称：数据集限制	reConst	访问和使用数据集的限制信息	O	N	关联	MD_限制
30	角色名称：聚集信息	aggrInfo	聚集数据集的信息	O	N	关联	MD_聚集信息

（1）格式信息　UML 图形表示见图 1-4。

序号	中文名称	缩写名	定　义	约束条件	最多出现次数	数据类型	域
31	MD_格式	Format	数据集的格式信息	M	1	聚集类（MD_标识）	第 32～35 行
32	存储介质	name	数据集的存储介质	O	1	字符串	自由文本
33	存储格式	medFormat	数据集的存储格式	M	1	字符串	自由文本
34	数据量	density	数据量大小	O	1	实型	＞0.0
35	数据量单位	densityUn	记录数据量的度量单位	O	1	字符串	自由文本

（2）数据集限制信息　UML 图形表示见图 1-4。

序号	中文名称	缩写名	定　义	约束条件	最多出现次数	数据类型	域
36	MD_限制	Consts	访问和使用数据集的限制	M	1	聚集类（MD_标识）	第 37～38 行
37	使用限制	useLimit	使用数据集的限制说明	O	1	类	MD_限制代码≪代码表≫
38	安全分级	class	出于国家安全、保密或其他考虑，对数据集安全限制的等级名称	O	1	类	MD_分级代码≪代码表≫

（3）聚集信息　UML 图形表示见图 1-4。

序号	中文名称	缩写名	定　义	约束条件	最多出现次数	数据类型	域
39	MD_聚集信息	AggregateInfo	聚集数据集的信息	O	N	聚集类（MD_标识）	第 40~41 行
40	项目类型	initType	生产数据集的项目类型	O	1	类	DS_项目类型代码《代码表》
41	项目名称	initName	生产数据集的项目名称	O	1	字符串	自由文本

3. 数据质量信息　UML 图形表示见图 1-5。

序号	中文名称	缩写名	定　义	约束条件	最多出现次数	数据类型	域
42	DQ_数据质量	DatQual	数据集数据质量的总体评价信息	M	1	聚集类（MD_元数据）	第 43~45 行
43	角色名称：数据志	datLineage	数据集数据志的定性质量信息	M	1	关联	LI_数据志
44	角色名称：概述元素	dqOverEle	数据集数据质量的定性信息	O	N	关联	DQ_数据质量概述元素
45	角色名称：报告	dqReport	数据集数据质量的定量信息	O	N	关联	DQ_数据质量元素

（1）数据志信息　UML 图形表示见图 1-5。

序号	中文名称	缩写名	定　义	约束条件	最多出现次数	数据类型	域
46	LI_数据志	Lineage	数据生产过程中处理过程（算法与参数）、数据源等的说明信息	M	1	聚集类（DQ_数据质量）	第 47~51 行
47	处理说明	statement	数据集生产过程的一般说明，包括有关的参数和算法	O	1	字符串	自由文本
48	数据源说明	srcDesc	数据源的详细说明	O	1	字符串	自由文本
49	比例尺分母	srcScale	原始图纸的比例尺分母	O	1	整型	整型>0
50	数据源引用	srcCitatn	数据源使用的参考文献	O	1	类	CI_引用《数据类型》
51	数据源覆盖范围	srcExt	数据源的地理、高程和时间范围信息	O	1	类	EX_覆盖范围《数据类型》

（2）概述元素信息　UML 图形表示见图 1-5。

序号	中文名称	缩写名	定　义	约束条件	最多出现次数	数据类型	域
52	DQ_数据质量概述元素	OverEle	数据集数据质量的定性信息	M	N	聚集类（DQ_数据质量）	第 53~54 行

（续）

序号	中文名称	缩写名	定　义	约束条件	最多出现次数	数据类型	域
53	说明	oeInfo	数据集数据质量定性说明	O	1	字符串	自由文本
54	接边质量	bouQuality	矢量数据接边质量说明	O	1	字符串	自由文本

（3）数据质量元素信息　UML图形表示见图1-5。

序号	中文名称	缩写名	定　义	约束条件	最多出现次数	数据类型	域
55	DQ_数据质量元素	EleSubEle	数据质量元素的定量质量信息	M	N	聚集类（DQ_数据质量）	第56~57行
56	元素类型代码	eleTypCode	数据质量的定量元素组成	M	1	类	DQ_元素《枚举》
57	角色名称：数据质量结果	dqResult	数据质量评价结果信息	M	1	关联	DQ_数据质量测定

（4）数据质量评价信息　UML图形表示见图1-5。

序号	中文名称	缩写名	定　义	约束条件	最多出现次数	数据类型	域
58	DQ_数据质量测定	Result	数据质量评价结果信息	M	1	聚集类（DQ_数据质量元素）	第59行
59	数据质量评价	quanRes	对数据质量的完整性、逻辑一致性、定位精度、时间精度、属性精度等评价的详细报告	M	1	字符串	自由文本

4. 空间表示信息　UML图形表示见图1-6。

序号	中文名称	缩写名	定　义	约束条件	最多出现次数	数据类型	域
60	MD_空间表示	SpatRep	表示数据集空间信息的数字方法	O	N	聚集类（MD_元数据）	
61	MD_矢量空间表示	VectSpatRep	数据集有关矢量空间对象的信息	C/矢量数据	N	特化类（MD_空间表示）	第62~63行
62	几何对象类型	geometObj-Typ	数据集是0维、一维和二维空间位置的点和矢量空间对象的名称	M	1	类	MD_几何对象类型代码《代码表》
63	拓扑关系	topLevel	数据集是否建立拓扑关系的说明	M	1	类	MD_拓扑等级代码《代码表》

（续）

序号	中文名称	缩写名	定　义	约束条件	最多出现次数	数据类型	域
64	MD_栅格空间表示	RastSpatRep	数据集中有关栅格空间对象的信息	C/栅格数据	N	特化类（MD_空间表示）	第65～69行
65	数据类型	cellType	确定数据集是0维、二维或三维的栅格空间对象	O	1	字符串	自由文本
66	行数	rows	沿着Y轴的栅格对象最大数	O	1	整型	>0
67	列数	cols	沿着X轴的栅格对象最大数	O	1	整型	>0
68	目标代码说明	cellAttDesc	每个栅格值的含义	O	1	字符串	自由文本
69	目标代码单位	cellUnit	栅格单元值的单位	O	1	字符串	自由文本
70	MD_影像数据	ImgSpatRes	有关农业空间信息的影像数据描述	C/影像数据	N	特化类（MD_空间表示）	第71～86行
71	影像类型	imageType	标识数字影像类型，如：可见光、多光谱、红外、热红外、雷达	M	1	字符串	自由文本
72	卫星名称	sateName	获取遥感影像数据的卫星名称	M	1	字符串	自由文本
73	传感器	senCat	获取遥感影像数据的传感器名称	O	1	字符串	自由文本
74	扫描模式	scanModel	获取遥感影像数据的扫描方式说明	O	1	字符串	自由文本
75	星下点经度	cenLong	影像中心点的经度	O	1	角度	−180～180
76	星下点纬度	cenLat	影像中心点的纬度	O	1	角度	−90～90
77	影像分辨率	imaNum	影像分辨率	O	1	字符串	自由文本
78	波段数量	bandNum	影像的波段数量	O	1	整型	>0
79	轨道号	imagOrbID	影像覆盖的列和行标识	M	1	字符串	自由文本
80	太阳高度角	illElevAng	从光线与地表焦点平面测定的太阳高度，以十进制度为单位	O	1	整型	0～90
81	太阳方位角	illAziAng	从影像拍摄时的正北方向按顺时针方向量测的照明方位角度	O	1	整型	0～360
82	极化方式	polForm	影像的极化方式说明	C/雷达影像	1	字符串	自由文本
83	接收时间	recDate	影像的接收时间	M	1	日期型	CCYYMMDD(GB/T 7408—2005)
84	总含云量	cloudCovPer	被云斑覆盖的数据集面积，用空间覆盖范围的百分比表示	O	1	实型	0.0～100.0
85	产品类型	prePrcTypC-de	各种处理级别的遥感影像产品类型	O	1	字符串	自由文本
86	其他说明	SatMemo	对遥感影像的补充说明，例如校正过程说明	O	1	字符串	自由文本

5. 参照系统信息 UML 图形表示见图 1-7。

序号	中文名称	缩写名	定　义	约束条件	最多出现次数	数据类型	域
87	MD_参照系统	RefSystem	有关数据集参照系的信息	O	N	聚集类（MD_元数据）	第88行
88	参照系统名称	refSysId	使用的参照系统名称	C/空间信息	1	字符串	自由文本
89	SI_基于地理标识符的空间参照系	SISpatRefSysGeoID	采用地理标识符的空间参照系	O	1	特化类（MD_参照系统）	
90	SC_高程参照系统	SCEleRefSys	采用高程参照系	O	1	特化类（MD_参照系统）	第91~92行
91	高程基准	verDatum	采用的高程基准名称	M	1	类	SC_高程坐标参照系《代码表》
92	单位	unit	记录高程值的单位	M	1	字符串	自由文本
93	MD_坐标参照系统	MdCoRefSys	数据集采用的坐标参照系说明	O	1	特化类（MD_参照系统）	第94~97行
94	投影	projection	所用投影的名称	M	1	字符串	自由文本
95	椭球体	ellipsoid	所用椭球体的名称	M	1	字符串	自由文本
96	基准	datum	所用平面基准的名称	M	1	类	SC_平面坐标参照系《代码表》
97	角色名称：投影参数	projParas	描述投影的参数集	O	1	关联	MD_投影参数

投影参数信息 UML 图形表示见图 1-7。

序号	中文名称	缩写名	定　义	约束条件	最多出现次数	数据类型	域
98	MD_投影参数	ProjParas	描述投影的参数集	O	1	聚集类（MD_坐标参照系）	第99~107行
99	带号	zoneNum	投影的带号说明	O	1	整型	1~60
100	标准纬线	stanParal	地球表面与平面或可展曲面相交的固定纬线	C/非方位投影	2	实型	0~90
101	中央经线	longCntMer	地图投影的中央经线	C/非方位投影	1	实型	0~180
102	投影原点纬度	latProjOri	作为地图投影直角坐标原点的纬度	C/非方位投影	1	实型	实型数
103	东移假定值	falEastng	地图投影矩形坐标中所有 X 坐标增加的值。常常利用该值避免坐标出现负数。用平面坐标单位确定的度量单位表示	O	1	实型	$-\infty \sim \infty$

（续）

序号	中文名称	缩写名	定义	约束条件	最多出现次数	数据类型	域
104	北移假定值	falNorthng	地图投影矩形坐标中所有 Y 坐标增加的值。常常利用该值避免坐标出现负数。用平面坐标单位确定的度量单位表示	O	1	实型	−∞～∞
105	投影中心经度	longProjCnt	方位投影中心的经度	C/方位投影	1	实型	0～180
106	投影中心纬度	latProjCnt	方位投影中心的纬度	C/方位投影	1	实型	0～90
107	分带方式	zoneMode	投影分带方式说明	O	1	字符串	自由文本

6. 内容信息 UML 图形表示见图 1-8。

序号	中文名称	缩写名	定义	约束条件	最多出现次数	数据类型	域
108	MD_内容信息	ContInfo	数据集内容的说明	M	N	聚集类（MD_元数据）	第109～110行
109	数据覆盖层总数	layNum	数据集的总层数	O	1	整型	>0
110	角色名称：要素类型信息	fetCat	数据集要素类型、要素属性说明	M	N	关联	MD_要素类型

（1）要素类型信息 UML 图形显示见图 1-8。

序号	中文名称	缩写名	定义	约束条件	最多出现次数	数据类型	域
111	MD_要素类型	FetType	数据集要素类型说明	M	N	聚集类（MD_内容信息）	第112～116行
112	层名	layerName	数据集层名	M	N	字符串	自由文本
113	要素类型名称	feat Type Name	要素类型名称	M	N	字符串	自由文本
114	要素类型定义	featTypeDef	要素类型定义	O	N	字符串	自由文本
115	要素类型定义来源	featTypeSou	要素类型定义的权威来源	O	N	字符串	自由文本
116	角色名称：要素属性信息	featAttCom	要素属性信息说明	M	N	关联	MD_要素属性

（2）要素属性信息 UML 图形显示见图 1-8。

序号	中文名称	缩写名	定　义	约束条件	最多出现次数	数据类型	域
117	MD_要素属性	FetAttri	要素属性说明	M	N	聚集类（MD_要素类型）	第118~123行
118	要素属性名称	featAttriName	要素属性名称	M	N	字符串	自由文本
119	要素属性定义	featAttriDef	要素属性定义	O	N	字符串	自由文本
120	要素属性定义来源	featAttriSou	要素属性定义的权威来源	O	N	字符串	自由文本
121	要素属性值域	featAttriDom	要素属性取值范围	O	N	字符串	自由文本
122	要素属性标号	featAttriID	要素属性的标号	O	N	字符串	自由文本
123	要素属性值测量单位	featAttriMea	要素属性值的测量单位	O	N	字符串	自由文本

7. 分发信息　UML 图形显示见图 1-9。

序号	中文名称	缩写名	定　义	约束条件	最多出现次数	数据类型	域
124	MD_分发	Dist	有关数据集分发的信息	M	1	聚集类（MD_元数据）	第125~127行
125	分发格式	formatNam	数据分发格式名称	M	1	字符串	自由文本
126	版本	formatVer	格式版本（日期、版本号等）	M	1	字符串	自由文本
127	角色名称：分发者	distributor	分发者的有关信息	O	1	关联	MD_分发者

分发者信息　UML 图形显示见图 1-9。

序号	中文名称	缩写名	定　义	约束条件	最多出现次数	数据类型	域
128	MD_分发者	Distributor	有关数据集分发者的信息	M	1	聚集类（MD_分发）	第129行
129	分发者联系	distCont	数据集分发单位的联系信息	M	1	类	CI_负责方≪数据类型≫

8. 覆盖范围信息　UML 图形表示见图 1-5。

序号	中文名称	缩写名	定　义	约束条件	最多出现次数	数据类型	域
130	EX_覆盖范围	Extent	有关地理、高程和时间覆盖范围的信息	O	N	类	第131~134行

（续）

序号	中文名称	缩写名	定 义	约束条件	最多出现次数	数据类型	域
131	描述	desc	数据集的空间和时间覆盖范围	C/不选用地理元素、时间元素和高程元素	1	字符串	自由文本
132	角色名称：地理元素	geoEle	数据集地理覆盖范围	O	N	关联	EX_地理范围≪抽象≫
133	角色名称：时间元素	tempEle	数据集时间覆盖范围	O	N	关联	EX_时间范围
134	角色名称：高程元素	vertEle	数据集高程覆盖范围	O	N	关联	EX_高程范围

（1）地理覆盖范围信息　UML 图形表示见图 1-5。

序号	中文名称	缩写名	定 义	约束条件	最多出现次数	数据类型	域
135	EX_地理范围	GeoExt	数据集的地理覆盖范围	O	N	聚集类（EX_覆盖范围）≪数据类型≫	
136	EX_边界多边形	BoundPoly	围绕数据集的边界线，表示为闭合多边形的一组 X、Y 坐标（终点与起始点重合）	O	N	特化类（EX_地理范围）≪抽象≫	第 137 行
137	多边形	poly	定义边界多边形的点集	M	N	字符串	自由文本
138	EX_地理坐标范围	GeoBndBox	数据集的地理位置	O	N	特化类（EX_地理范围）≪抽象≫	第 139~142 行
139	西边经度	westBL	数据集覆盖范围最西部坐标，用经度表示，单位为十进制度或度分秒	M	1	角度	0~180
140	东边经度	eastBL	数据集覆盖范围最东部坐标，用经度表示，单位为十进制度或度分秒	M	1	角度	0~180
141	南边纬度	southBL	数据集覆盖范围最南部坐标，用纬度表示，单位为十进制度或度分秒	M	1	角度	0~90
142	北边纬度	northBL	数据集覆盖范围最北部坐标，用纬度表示，单位为十进制度或度分秒	M	1	角度	0~90
143	EX_地理描述	GeoDesc	用标识符表示地理区域的说明	M	1	特化类（EX_地理范围）≪抽象≫	第 144 行
144	地理标识符	geoId	用于表示地理区域的标识符	M	1	字符串	自由文本

（2）**时间覆盖信息**　UML 图形表示见图 1-5。

序号	中文名称	缩写名	定　义	约束条件	最多出现次数	数据类型	域
145	EX_时间范围	TempExt	数据集内容跨越的时间区段	O	N	聚集类（EX_覆盖范围）《数据类型》	第 146 行
146	范围	exTemp	数据集内容的日期和时间	M	1	字符串	自由文本

（3）**高程覆盖范围信息**　UML 图形表示见图 1-5。

序号	中文名称	缩写名	定　义	约束条件	最多出现次数	数据类型	域
147	EX_高程范围	VertExt	数据集的高程域	O	1	（EX_覆盖范围）《数据类型》	第 148～150 行
148	最小高程值	minVal	数据集包含的最低高程值	M	1	实型	实型数
149	最大高程值	maxVal	数据集包含的最高高程值	M	1	实型	实型数
150	计量单位	uOfMeas	高程覆盖范围信息的高程单位	M	1	字符串	自由文本

9. 引用和负责方信息　UML 图形表示见图 1-11。

序号	中文名称	缩写名	定　义	约束条件	最多出现次数	数据类型	域
151	CI_引用	Citation	数据集或数据源的标准参考资源	M	N	类《数据类型》	第 152～162 行
152	名称	title	数据集或数据源的名称	M	1	字符串	自由文本
153	日期	date	数据集或数据源的有关日期	M	1	类	CI_日期《数据类型》
154	版本	edition	数据集或数据源的版本	O	1	字符串	自由文本
155	版本日期	eddate	数据集或数据源出版日期	O	1	日期型	CCYYMMDD（GB/T 7408—2005）
156	标识符	citID	数据集或数据源的唯一标识符	O	1	字符串	自由文本
157	引用资源负责方	citRespParty	对数据源负责的个人或单位名称和地址	O	1	类	CI_负责方《数据类型》
158	表达形式	presForm	数据集或数据源的表达方式	O	N	类	CI_表达形式代码《代码表》
159	系列	serName	数据集为其某一部分的数据集系列或聚集数据集信息	O	1	类	CI_系列《数据类型》
160	国际标准书号	ISBN	国际标准书号	O	1	字符串	自由文本

（续）

序号	中文名称	缩写名	定义	约束条件	最多出现次数	数据类型	域
161	国际标准系列号	ISSN	国际标准系列号	O	1	字符串	自由文本
162	其他信息	otherCitDet	对数据集或数据源所需的其他补充信息	O	1	字符串	自由文本
163	CI_负责方	RespParty	与数据集或元数据有关的负责人或单位的标识和联系方法	M	N	类《数据类型》	第164~167行
164	单位名称	rpOrgName	负责单位的名称	M	1	字符串	自由文本
165	负责人	rpIndName	用分隔符隔开的负责人姓名、职务	O	1	字符串	自由文本
166	角色代码	resp	负责单位履行的职责	M	N	类	CI_角色代码《代码表》
167	联系信息	contactInfo	负责单位的联系方式	M	1	类	CI_联系《数据类型》

（1）联系信息　UML 图形表示见图 1-11。

序号	中文名称	缩写名	定义	约束条件	最多出现次数	数据类型	域
168	CI_联系	Contact	与负责单位或负责人联系的信息	O	1	类《数据类型》	第169~171行
169	电话	phone	与负责单位或负责人联系的电话号码	O	1	类	CI_电话《数据类型》
170	地址	address	与负责单位或负责人联系的物理地址或电子邮件地址	O	1	类	CI_地址《数据类型》
171	在线资源	onlineRes	与负责单位或负责人联系的在线信息	O	1	类	CI_在线资源《数据类型》

（2）地址信息　UML 图形表示见图 1-11。

序号	中文名称	缩写名	定义	约束条件	最多出现次数	数据类型	域
172	CI_地址	Address	负责人或负责单位的地址	O	1	类《数据类型》	第173~178行
173	详细地址	postAdd	所在位置的详细地址（路名、信箱号、网址等）	O	N	字符串	自由文本
174	城市	city	所在城市名	O	1	字符串	自由文本
175	行政区	adminArea	所在省（自治区、直辖市）名	O	1	字符串	自由文本
176	邮政编码	postCode	邮政编码	O	1	字符串	自由文本
177	国家	country	所在国家	O	1	字符串	自由文本
178	电子邮件地址	electMailAdd	负责单位和负责人的电子邮件信箱地址	O	N	字符串	自由文本

（3）电话信息 UML 图形表示见图 1-11。

序号	中文名称	缩写名	定义	约束条件	最多出现次数	数据类型	域
179	CI_电话	Telephone	与负责人或负责单位联系的电话号码	M	N	类《数据类型》	第180~181行
180	电话	voiceNum	能与负责人或负责单位通话的电话号码	O	N	字符串	自由文本
181	传真	faxNum	负责人或负责单位的传真号码	O	N	字符串	自由文本

（4）在线资源信息 UML 图形表示见图 1-11。

序号	中文名称	缩写名	定义	约束条件	最多出现次数	数据类型	域
182	CI_在线资源	OnlinRes	可以获取数据集、元数据元素的在线资源信息	M	N	类《数据类型》	第183~186行
183	在线连接	linkage	在线访问的地址	M	1	类	URL
184	名称	orName	在线资源名称	O	1	字符串	自由文本
185	描述	orDesc	在线资源的详细说明	O	1	字符串	自由文本
186	功能代码	orFunct	在线资源的功能代码	O	1	类	CI_在线功能代码《代码表》

（5）系列信息 UML 图形表示见图 1-11。

序号	中文名称	缩写名	定义	约束条件	最多出现次数	数据类型	域
187	CI_系列	DatasetSeries	数据集所属数据集系列或聚集数据集的信息	O	1	类《数据类型》	第188~190行
188	名称	seriesName	数据集为其一部分的数据集系列或聚集数据集名称	O	1	字符串	自由文本
189	出版标识	issld	系列的版本标识信息	O	1	字符串	自由文本
190	页码	artPage	有关内容的出版物页码的详细说明	O	1	字符串	自由文本

（6）日期信息 UML 图形表示见图 1-11。

序号	中文名称	缩写名	定义	约束条件	最多出现次数	数据类型	域
191	CI_日期	Date	日期说明	M	1	类《数据类型》	第192~193行
192	日期	refDate	数据集或数据源的有关日期	M	1	日期型	CCYYMMDD（GB/T 7408—2005）
193	日期类型代码	refDateType	与日期相关的事件	M	1	类	CI_日期类型代码《代码表》

10. 代码表

（1）CI_日期类型代码《代码表》

序号	中文名称	域代码	定　义
1	CI_日期类型代码	DateType	标识给定事件发生的时间
2	生产	001	数据集或数据源完成的日期
3	出版	002	数据集或数据源出版的日期
4	修订	003	数据集或数据源检查、重新检查、改进或更新的日期

（2）CI_在线功能代码《代码表》

序号	中文名称	域代码	定　义
1	CI_在线功能代码	OnFunctCd	在线数据集的功能
2	下载	001	将数据从一个存贮设备或系统传送到另一个的在线指令
3	离线访问	002	提供获取数据集所需信息的在线指令
4	预订	003	获取数据集的在线预订过程
5	检索	004	寻找有关数据集信息的在线检索界面
6	补充信息	005	提供数据集更多信息的在线指令

（3）CI_角色代码《代码表》

序号	中文名称	域代码	定　义
1	CI_角色代码	RoleCd	负责单位的作用
2	数据资源提供者	001	提供数据的单位
3	管理者	002	负责维护数据的单位
4	拥有者	003	拥有数据的单位
5	分发者	004	分发数据的单位
6	生产者	005	生产数据或元数据的负责单位
7	出版者	006	出版数据的单位

（4）CI_表达形式代码《代码表》

序号	中文名称	域代码	定　义
1	CI_表达形式代码	PresFormCd	展示数据的模式
2	数字文档	001	主要为数字形式的文本文件（也可以包括图表）
3	硬拷贝文档	002	主要在纸张、照相材料或其他介质上表示的文本（也可以包括图表）
4	数字影像	003	通过视觉感知，或任何其他波段的电子光谱传感器如热红外、高分辨率雷达获取的自然或人文要素、对象和活动影像，用数字形式存储
5	硬拷贝影像	004	通过视觉感知，或任何其他波段的电子光谱传感器如热红外、高分辨率雷达获取的自然或人文要素、对象和活动影像，复制在纸张、照相材料或其他介质上，供用户直接使用

（续）

序号	中文名称	域代码	定　义
6	数字地图	005	用栅格或矢量形式表示的地图
7	硬拷贝地图	006	印刷在纸张、照相材料或其他介质上的地图，供用户直接使用
8	数字表格	007	按行列形式显示的数据或图形的数字表示
9	硬拷贝表格	008	印刷在纸张、照相材料或其他介质上，按行列形式显示的数据或图形
10	数字录像	009	数字形式记录的录像
11	硬拷贝录像	010	记录在胶片上的录像

（5）MD＿分级代码《代码表》

序号	中文名称	域代码	定　义
1	MD＿分级代码	ClasscationCd	对数据集操作实施的限制条件
2	公开	001	没有限制
3	未公开	002	不公开
4	未规定	003	未规定限制

（6）MD＿几何对象类型代码《代码表》

序号	中文名称	域代码	定　义
1	MD＿几何对象类型代码	GeoObjTypCd	点或矢量对象的名称，用于确定数据集中零维、一维、二维或三维空间位置
2	复形	001	一组几何单形，其边界可以表示为其他单形的联合
3	组合	002	相互连接的曲线、立体或面的集合
4	曲线	003	有界的一维几何单形，表示一条线的连续图像
5	点	004	零维几何单形，表示一个没有覆盖范围的位置
6	立体	005	有界的、连接的三维几何单形，表示一个空间区域的连续图像
7	面	006	有界的、连接的二维几何单形，表示一个平面区域的连续图像

（7）MD＿拓扑等级代码《代码表》

序号	中文名称	域代码	定　义
1	MD＿拓扑等级代码	TopoLevCd	空间关系的复杂程度
2	拓扑	001	具有拓扑关系
3	非拓扑	002	没有拓扑关系

（8）MD＿维护频率代码≪代码表≫

序号	中文名称	域代码	定　义
1	MD＿维护频率代码	MaintFreqCd	数据初次建立后，对其进行修改和删除的频率
2	每日	001	数据每天更新1次
3	每周	002	数据每周更新1次
4	每月	003	数据每月更新1次
5	每年	004	数据每年更新1次
6	不固定	005	数据不定期更新
7	无计划	006	尚无更新计划

（9）MD＿进展代码≪代码表≫

序号	中文名称	域代码	定　义
1	MD＿进展代码	ProgCd	数据集状况或更新进展
2	完成	001	数据产品已经完成
3	建设中	002	数据正在进行生产处理
4	计划中	003	已经确定了数据生产或更新的日期
5	历史档案	004	数据存储在离线存储设备中
6	已作废	005	数据不再有用

（10）MD＿限制代码≪代码表≫

序号	中文名称	域代码	定　义
1	MD＿限制代码	RestrictCode	对访问或使用数据施加的限制
2	无限制	001	访问或使用数据无限制
3	版权	002	法律批准的发行者等在确定的时间内，对出版的专有权利
4	专利权	003	政府已经批准的制造、出售、使用或特许发明或发现的专门权利
5	正在申请专利权	004	等待专利权的生产或销售信息
6	许可证	005	正式许可做某事
7	知识产权	006	从创造活动产生的无形资产的分发或分发控制获得经济利益的权利
8	未规定	007	没有规定限制信息

（11）MD＿表示类型代码≪代码表≫

序号	中文名称	域代码	定　义
1	MD＿表示类型代码	RepTypCd	用于表示数据集中信息的方法
2	矢量	001	用于表示空间数据的矢量数据
3	栅格	002	用于表示空间数据的栅格数据
4	表格	003	用于表示属性数据的表格数据

（续）

序号	中文名称	域代码	定义
5	文献	004	用于表示资料、文章、论文等数据
6	图像	005	用于表示影像、图像
7	视频	006	记录的视频场景
8	音频	007	记录的音频

（12）MD＿项目类型代码≪代码表≫

序号	中文名称	域代码	定义
1	MD＿项目类型代码	InitTypCd	相关数据集聚合行为的类型
2	国家级工程项目	101	国家级工程项目
3	省部级工程项目	102	省、部级工程项目
4	其他工程项目	103	国家级和省部级以外的地方工程项目
5	国家科技计划	104	国家科技攻关计划、国家自然科学基金、"863"计划、"973"计划、新产品计划、推广计划、创新基金、星火计划、火炬计划、科技专项、基础性项目等
6	省部委科技计划	105	省和部委科技攻关计划、地方自然科学基金
7	其他科技计划	106	国际合作项目等
8	特大型项目	107	规模巨大的系统建设和应用
9	大型项目	108	规模大的系统建设和应用
10	中型项目	109	中等规模的系统建设和应用
11	小型项目	110	小规模的系统建设和应用
12	公益性项目	111	公益性系统建设和应用
13	企业项目	112	企业系统建设和应用
14	个体项目	113	私人系统建设和应用

（13）SC＿高程坐标参照系≪代码表≫

序号	中文名称	域代码	定义
1	SC＿高程坐标参照系	EleDatum	数据集所用高程基准说明
2	1956年黄海高程系	001	1961年后全国统一采用
3	1985年国家高程系	002	经国务院批准，国家测绘局于1987年5月26日公布使用
4	地方独立高程系	003	相对独立于国家高程系外的局部高程坐标系

（14）SC＿平面坐标参照系≪代码表≫

序号	中文名称	域代码	定义
1	SC＿平面坐标参照系	GeoRefSysCd	数据集所用平面基准说明
2	1954年北京坐标系	001	采用克拉索夫斯基椭球体，长半径 $a=6\,378\,245\text{m}$，扁率 $f=1/298.3$

（续）

序号	中文名称	域代码	定义
3	1980年西安坐标系	002	采用1975年IUGG第16届大会推荐的椭球体参数，长半径 $a=6\ 378\ 140$m，扁率 $f=1/298.257$
4	独立坐标系	003	相对独立于国家坐标系的局部坐标系
5	全球参考系	004	全球参考系（用于检索陆地卫星数据的一个全球检索系统）
6	IAG 1979年大地参照系	005	国际大地测量协会（IAG）1979年大会通过的大地参照系
7	世界大地坐标系	006	世界大地坐标系，原点在地球质心

（15）DQ_元素≪枚举≫

序号	中文名称	域码	定义
1	DQ_元素	QualityEle	数据集数据定量质量组成部分
2	完整性	001	描述要素、要素属性和关系的存在和缺少
3	逻辑一致性	002	描述数据结构、归因和关系的逻辑规则关联度
4	定位精度	003	描述要素的位置精度
5	属性精度	004	描述量化和非量化属性精度、要素和要素关系的分类正确性
6	时间精度	005	描述属性的时间精度和要素关系的时间精度

第四节 农业空间信息专用标准制定规则

随着我国农业信息化工作的全面推进，农业空间信息标准化建设已经取得重要成果，完成了一些国家标准、行业标准和项目标准的制定，并在信息化建设中得到推广应用。例如，《草业资源信息元数据》（NY/T 1171—2006）农业行业标准规定了近200个必选、条件必选和可选的草业资源信息元数据元素，为草业领域的空间信息化建设奠定了基础。由于不同领域的信息化建设具有不同的需求，因而以农业空间信息基础标准和通用标准为基础，制定农业领域的专用标准，以满足不同农业应用的需求显得极为迫切和重要。

专用标准（profile）是为满足特定应用所需的一个或多个基础标准和通用标准的子集以及从这些标准中所选的章、类、可选项和参数的集合（GB/T 30171，2013）。例如，可以从《地理信息 元数据》（GB/T 19710）国家标准中选择必需的核心元数据元素，形成《草业资源信息元数据》（NY/T 1171）农业行业标准中的核心元数据专用标准。但是，需要解决的问题是如何保证专用标准与基础标准的一致性，如何实现专用标准的一致性测试以及如何规范化专用标准的应用。因此，借鉴IT和地理信息国际专用标准的制定经验，研究农业空间信息专用标准制定规则，明确专用标准与基础标准和通用标准的关系、一致性要求、一致性测试以及专用标准的文档结构等内容，为农业空间信息专用标准的应用推广提供保障。

一、国内外进展

专用标准的概念出现的较早，《中国标准文献分类法》（1990）明确了专用标准和通用标准的定义。专用标准是指某一专业特殊用途的标准，通用标准是指两个以上专业共同使用的标准（国家技术监督局，1990）。

国际标准化组织（ISO）和国际电工委员会（IEC）从 1992 年开始，发布了大量的信息技术领域专用标准，例如，《Information Technology-International Standardized Profiles AOM1n OSI Management-Management Communications—Part 1：Specification of ACSE，Presentation and Session Protocols for the Use by ROSE and CMISE First Edition》（ISO ISP 11183‐1）和《Information Technology-Open Systems Interconnection-International Standardized Profiles：OSI Distributed Transaction Processing—Part 1：Introduction to the Transaction Processing Profiles First Edition》（IEC ISP 12061‐1）等。为了统一信息技术领域专用标准的分类、形成原则和文档结构，ISO 和 IEC 在 1998 年又分别发布了信息技术领域国际标准化专用标准的框架和分类方法系列标准，包括《Information Technology-Framework and Taxonomy of International Standardized Profiles—Part 1：General Principles and Documentation Framework Fourth Edition》（ISO/IEC TR 10000-1）、《Information Technology-Framework and Taxonomy of International Standardized Profiles—Part 2：Principles and Taxonomy for OSI Profiles Fifth Edition》（ISO/IEC TR 10000‐2）以及《Information Technology-Framework and Taxonomy of International Standardized Profiles—Part 3：Principles and Taxonomy for Open System Environment Profiles Second Edition》（ISO/IEC TR 10000-3），分别规定了信息技术领域专用标准的基本原则、文档框架，开放系统互联（OSI）专用标准的原则和分类方法以及开放系统环境专用标准的原则和分类方法，以保证标准之间的协调一致性。

国际标准化组织地理信息技术委员会（ISO/TC 211）自 1994 年成立以来，一直致力于地理信息国际标准的制定，已经和正在制订 ISO 地理信息系列标准 80 多个，其中，《地理信息　专用标准》（ISO 19106）就是关于地理信息领域国际专用标准制定规则的标准，并于 2004 年发布。ISO 地理信息系列标准为描述、管理和处理地理空间数据定义了各种模型，不同的用户在使用或实现这些模型和规则的程度上有不同的需求，为了以统一协调的方式，建立与 ISO 地理信息系列标准相一致的具体的标准子集，需要规范 ISO 地理信息标准的专用标准制定规则。ISO 19106 采纳了 ISO/IEC TR 10000 有关信息技术领域的专用标准方法论，提出了专用标准与基础标准的关系以及对基础标准规范性引用和资料性引用的规定，同时对专用标准的内容、一致性要求、标识、文档结构以及专用标准的制定和采纳步骤都做了详细的说明。

我国在信息技术领域和地理信息领域专用标准的概念出现的较晚。1996 年我国发布了两个有关信息技术领域专用标准规则的国家标准，即《信息技术　国际标准化轮廓的框架和分类方法　第 1 部分：框架》（GB/T 16682.1—1996）和《信息技术　国际标准化轮廓的框架和分类方法　第 2 部分：OSI 轮廓的原则和分类方法》（GB/T 16682.2—1996），对于采纳国际专用标准形成的方法，制订我国信息技术领域各个专用标准，保持与国际标准一致，起到了极大的指导和推动作用。我国已在 ISO 19106 的基础上，根据我国国情制定了适宜我国的《地理信息　专用标准》（GB/T 30171—2013）国家标准。

二、农业空间信息专用标准构成方式

农业空间信息专用标准有多种构成方式，包括由一个基础标准构成的专用标准、依据基础标准规定的机制进行扩展的专用标准、由多个基础标准构成的专用标准、专用标准的专用标准、基础标准与用户规范共同组成的专用标准等。以下列举几种常见的农业空间信息专用标准构成方式，以便更好地理解专用标准的含义和作用。

1. 由一个基础标准构成专用标准　该类专用标准是最简单的专用标准构成方法，即用户根据应用的需要，从一个基础标准中选取全部必选元素和部分可选元素构成专用标准。如图 1 - 13 所示，草业资源信息核心元数据专用标准可以从数据集全集元数据基础标准中选择全部必选元素和部分可选元素而构成，由于核心元数据没有增加任何用户扩展的内容，因此该专用标准是基础标准的纯子集。

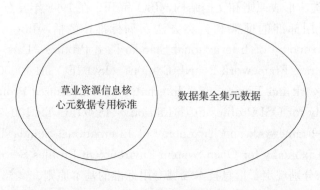

图 1 - 13　由一个基础标准构成的专用标准

2. 根据基础标准的扩展机制进行扩展的专用标准　该类专用标准是由一个基础标准的元素子集和在该基础标准允许范围内的扩展元素所共同构成的标准，其中扩展内容在基础标准中是明确允许的。图 1 - 14 为由数据集全集元数据子集和由该基础标准允许扩展的元素共同构成专用标准的示例。

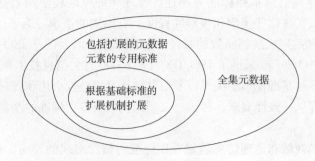

图 1 - 14　在基础标准的允许范围内进行扩展的专用标准示例

表 1 - 14 是对图 1 - 14 有关在基础标准允许的范围内进行用户扩展元素的进一步说明，其中，黑体字表示在基础标准允许范围内用户扩展的内容。

表 1-14　根据基础标准的扩展机制进行扩展的元素说明

扩展类型（全集元数据）	扩展内容（专用标准）
定义更严格的代码表（扩展♯1）	这种扩展只保留基础标准代码表中11个值中的两个值："管理者"和"分发者"
对元素提供更严格的元数据约束类型，例如可选元素可以成为条件必选或必选，或者条件必选元素可以成为必选（扩展♯2）	这种扩展将基础标准中一个元素的可选约束类型（O）变成必选（M）
用枚举列表代替基础标准中一个自由文本的元数据元素（扩展♯3）	使用这种扩展可以从代码表中选择地名，可以以自由文本的格式识别和显示代码表元素中的代码，如省或地区代码（来自于代码表）

3. 由多个基础标准构成一个专用标准　该类专用标准构成方式是根据应用的需要从多个基础标准中选取所需元素构成一个专用标准。如图 1-15 所示，时间位置和空间位置的专用标准是从 ISO 19107 中选取描述空间点对象位置的元素、ISO 19111 中选取描述空间参照系的元素和从 ISO 19108 中选取定义时间中的时刻和时间参照系的元素构成。

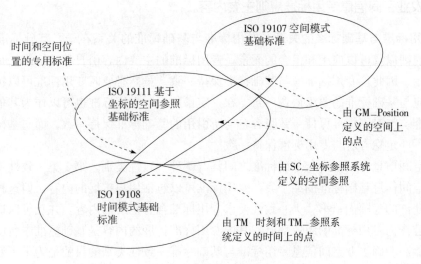

图 1-15　来源于多个基础标准构成专用标准的示例

4. 由专用标准生成的专用标准　该方式是指根据应用的需要从某个专用标准中进一步减少选取的元素，再构成一个专用标准。如图 1-16 所示，格网图层专用标准是在图层的几

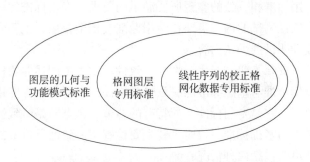

图 1-16　由专用标准构成的专用标准示例

何与功能模式标准的基础上定义的可用于影像和格网化数据的专用标准。在这个专用标准的基础上，还可以定义只支持线性序列的校正格网化数据的专用标准。

5. 用户自行扩展的专用标准　图1-17表示既支持基础标准，又支持用户自行扩展规范的专用标准。该类专用标准虽然部分符合专用标准的要求，但它只能在用户规定的应用范围内适用。

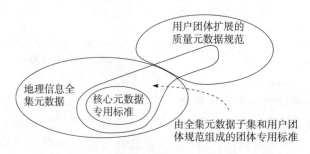

图1-17　用户自行扩展的专用标准示例

三、农业空间信息专用标准规则主要内容

1. 专用标准与基础标准的关系　专用标准与基础标准的关系在于，基础标准为专用标准提供了规则以及可以应用和组合的元素，专用标准的主要内容引自基础标准，是基础标准的特定应用，因此，专用标准应与基础标准保持一致。虽然必要时专用标准可以扩展某些内容，但也应与基础标准的要求协调一致。在一定条件下，专用标准也可以作为其他专用标准的基础标准。与专用标准保持一致隐含着与所引用的基础标准保持一致，而与基础标准保持一致，并不一定隐含着与专用标准保持一致。

农业空间信息专用标准与基础标准之间具有两种一致性类别。第1类一致性要求专用标准是农业空间信息基础标准的纯子集，专用标准可以包括用户扩展的内容，但这种扩展是在基础标准允许的范围内；第2类一致性要求专用标准含有扩展的内容，并且可以选取非基础标准的内容作为专用标准的组成部分，其中专用标准扩展的内容是基础标准中所没有的用户扩展的功能。明确农业空间信息专用标准与基础标准一致性类别的目的是为了更好地使标准使用者了解专用标准与基础标准的一致性关系。

2. 专用标准的一致性　专用标准的一致性是以往农业空间信息标准制定所没有遇到的难点问题。专用标准的一致性包括两方面的含义：一是专用标准与其基础标准的一致性声明，二是声明与该专用标准相一致的实现所要满足的要求。专用标准的一致性需要通过一致性测试来验证，而一致性测试的内容需要在专用标准文档中提供，说明实现了基础标准的哪些能力以及需要一致性测试的测试内容。

（1）专用标准的一致性声明　专用标准的一致性声明主要阐述专用标准实现了基础标准中的哪些要求以及专用标准与基础标准的一致性类别。一致性声明在专用标准文档的第2章节"一致性"加以说明，它是专用标准文档特有的章节。该章节是一致性测试的切入点，当检验一个专用标准是否与基础标准一致时，首先要检查"一致性"章节的内容。农业空间信息专用标准的一致性声明包括两种情况：

①如果专用标准引用的基础标准中明确包括一致性要求，而专用标准是基础标准的纯子

集，则专用标准应选择基础标准一致性要求的相应部分进行自检，给出实现一致性声明。若专用标准包括扩展内容，且相应的基础标准中没有给出有关扩展内容的一致性要求，则专用标准首先按照前一种情况的要求检查纯子集的内容，然后根据基础标准对扩展的要求进行检查，给出实现一致性声明。

②如果专用标准引用的基础标准中不包括一致性要求，则根据专用标准的具体情况，从专用标准文档的规范性附录 A "一致性抽象测试套件"中选择合适的测试内容进行自检，给出检验的结论。

（2）专用标准的一致性要求　专用标准与基础标准的一致性要求一般包括：必选要求、条件必选要求和可选要求。基础标准中的必选要求在专用标准中仍是必选的；基础标准中的可选要求在专用标准中保持为可选，也可以成为必选、条件必选、超出范围或者是禁止；基础标准中的条件必选要求，在专用标准的应用环境中需要对条件进行判断，如果该条件是必选、可选、超出范围、禁止等情况，则该条件必选要求在专用标准中应做相应的改变，否则该条件必选要求在专用标准中仍是条件必选的。

（3）专用标准的一致性测试　对专用标准与基础标准的一致性声明和一致性要求需要进行一致性测试。专用标准的一致性需要通过抽象测试套件的内容进行测试，抽象测试套件的内容在专用标准文档的附录 A "一致性抽象测试套件"中进行详细说明。每个测试内容包括：测试名称、测试目的、测试方法、引用和测试类型。其中"测试名称"是指需要测试的一致性方面，例如，进行专用标准继承基础标准一致性要求的测试；"测试目的"描述应达到的预期目标，例如，验证专用标准是否继承了所引用的基础标准的一致性要求；"测试方法"提供被测对象正确性的检验方法，用于验证被测对象作为一个实现的一致性，测试方法一般包括测试判定准则；"引用"提供规定该测试要求的相应标准章节；"测试类型"既可以是基本测试也可以是能力测试，基本测试是执行详尽的能力测试之前的简单测试，当基本测试不能满足需要时，就需要进行复杂的能力测试。

3. 专用标准的文档结构　农业空间信息专用标准作为一种标准，其基本文档结构与编写应该与《标准化工作导则　第 1 部分：标准的结构和编写》（GB/T 1.1—2009）相一致。但由于专用标准的特殊性，在文档中需要明确阐明专用标准与基础标准的关系及其一致性，因此专用标准文档结构在 GB/T 1.1 规定的基础上需要做某些修改和补充。

农业空间信息专用标准可以在封面的中文名称上注明"……的专用标准"，在英文名称上注明"Profile of …"，以便与其引用的基础标准区分开。标准正文的第 1 章"范围"除了概述专用标准的内容及适用范围外，还应说明专用标准的构成方法（如单个标准的专用标准、多个标准的专用标准、专用标准的专用标准等），还需要说明专用标准的派生来源（如所引用的标准和标准系列）以及专用标准与所引用的标准的一致性关系。农业空间信息专用标准文档应有第 2 章节"一致性"，它是专用标准文档特有的章节。检验一个专用标准的一致性，首先要检查"一致性"章节的内容，以便决定必须检验哪些内容，因而，该章应当清楚地表述专用标准对引用的基础标准的实现一致性声明以及声明与该专用标准保持一致的任何实现的一致性要求。专用标准文档的规范性附录是可选内容，如果第 2 章节"一致性"需要阐述的一致性抽象测试套件内容较多时，可以放在第 1 个规范性附录"一致性抽象测试套件"一章，该章用于阐述声明与专用标准一致的实现是否满足该专用标准的一致性要求的测试内容。

四、结论和讨论

采用专用标准机制制定农业空间信息专用标准，可以保证标准之间的协调一致，是农业空间信息标准制定的新思路。但在专用标准实施中，还需要进一步解决以下问题：

（1）专用标准的一致性测试是专用标准与基础标准以及专用标准实现的一致性关键。ISO 地理信息和信息技术领域就一致性和测试问题分别制定了相应的标准，我国也将其转化为国家标准，如《地理信息　一致性与测试》（GB/T 19333.5—2003）、《信息技术　开放系统互联一致性测试方法和框架　第 1 部分：基本概念》（GB/T 17178.1—1997）等，详细地阐述一致性和一致性测试的内容。因此，根据农业部门的需求，需要研究制定农业空间信息一致性测试标准，才能保证专用标准机制的落实。

（2）需要设置农业空间信息标准一致性测试机构，进行专用标准与基础标准的一致性检查和专用标准实现的一致性测试，才能从真正意义上保证农业空间信息标准之间的一致性，促进农业空间信息共享和互操作。

第二章
国家级农情遥感监测技术标准与规范 2

"国家级农情遥感监测与信息服务系统"项目的主要内容是利用多时相、多光谱、高光谱等中高空间分辨率的遥感数据,应用遥感、地理信息系统、全球定位系统和计算机等技术手段,开展全国主要农作物(小麦、玉米、水稻、棉花、大豆等)播种面积、作物长势、土壤墒情、作物单产和作物总产的遥感动态监测和预报,为国家及时、准确地掌握农情、农业灾害及农业资源利用等信息,科学指导农业生产,增强国际粮食贸易中的主动权和粮食安全预警提供及时、准确和快速的信息支持。该项目是一项集数据采集、数据分析处理、数据管理和信息发布的复杂系统工程,涉及的内容较多,因而,需要制定国家级农情遥感监测系列标准和规范,统一数据采集、分析处理、数据管理等技术内容,保证农情信息的可靠性和准确性。

第一节 作物生育期、长势、产量地面调查技术规范

地面调查的目的是鉴定农业气象条件、农田管理措施对作物生长发育和产量形成的影响,为选择作物遥感识别的最佳时相,评价作物面积、长势遥感监测以及作物遥感估产的精度提供科学依据。

一、范围

本部分提出了作物(冬小麦、夏玉米、棉花、大豆、水稻)地面调查样点选择原则,明确了作物生育期观测的基本要求,规定了作物生长状况、作物产量结构分析的地面调查要求。

二、术语和定义

1. 作物生育期 crop phenophas
作物从播种到成熟的整个生长过程中发育期出现的日期。
2. 作物长势 crop condition
作物生长的状况与趋势。

三、作物地面调查样点选择的原则和要求

作物地面调查样点是定期观测作物生长状况的主要基点,为作物遥感识别最佳时相的选

择，作物面积、长势遥感监测以及作物遥感估产的精度评价提供科学依据。作物地面调查样点选择的原则和要求如下。

（1）调查样点应具有代表性，代表当地一般的地形、地势、气候、土壤和产量水平及主要耕作制度，选择调查的作物品种为当家品种或后备品种。为使调查资料具有连续性，可根据当地的耕作制度，每个县选定3～5个调查样点并进行编号，每年规定调查的作物在这些样点上进行。

（2）调查样点面积一般为1hm²，调查作物的种植面积较大，与其他作物混杂少。确有困难的，可选择在同一种作物成片种植的较小地块上，但不应小于0.1hm²。

（3）由于采用遥感估产的影像分辨率为5m以上，因此两个调查样点的布置距离至少5km。

（4）调查样点距离林缘、建筑物、道路、水塘等应在20m以上，应远离河流、水库等大型水体，减少小气候的影响。

（5）大田作物生育期调查地点要选择能反映全县观测作物生长状况和产量水平的不同类型的田块，也可与苗情调查点相结合。

（6）调查样点相对稳定，才能保证调查结果的可比性，因此，选择的调查样点应与土地使用单位或个人取得联系，明确要求。

（7）作物地面调查应由专人负责，并保持相对稳定。调查人员要严格执行地面调查规范和有关技术规定，严禁推测、伪造和涂改记录；不得缺测、漏测、迟测和擅自中断、停止调查；记录字迹要工整。

四、作物生育期调查

1. 一般规定　作物生育期的调查是根据作物外部形态变化，记载作物从播种到成熟整个生长过程中生育期出现的日期，以了解作物发育速度和进程，分析各个时期气象条件和农田管理措施对作物生长发育的影响。

（1）调查的作物和品种　地面调查的作物应记载作物的品种类型、熟性和大田栽培方式等（表2-1）。

表2-1　主要作物品种类型、熟性和栽培方式

作物名称	品种类型	熟性	大田栽培方式
小麦	冬小麦（冬性、半冬性、春性）；春小麦		条播、撒播；平作、套作
玉米	常规玉米、杂交玉米、马齿型、半马齿型、硬粒型、甜质型、爆裂型	早熟、中熟、晚熟	平作、间作、套作；直播、移栽、穴播、地膜覆盖
棉花	陆地棉（普通棉）、海岛棉（长绒棉）	早熟、中熟、晚熟	平作、套作；直播、移栽、地膜覆盖
大豆	蔓生型、半直立型、直立型	早熟、中熟、晚熟	平作、套作、间作；穴播、条播
水稻	常规稻、杂交稻、籼稻、粳稻、糯稻、双季早稻、双季晚稻、一季稻	早熟、中熟、晚熟	直播、移栽

（2）调查次数和时间

①生育期一般 2 天观测 1 次，但旬末应进行巡视观测。

②作物抽穗期、开花期每日观测。

③规定观测的相邻两个生育期间隔时间很长时，在不漏测生育期的前提下，可"逢 5"和旬末巡视观测，临近生育期即恢复隔日观测。

④冬小麦冬季停止生长的地区，越冬开始期后到春季日平均气温达到 0℃之前这段时间，每月末巡视 1 次，以后恢复隔日观测。

⑤观测时间一般定为下午，有的作物开花时间在上午，则开花期应在上午观测。

（3）生育期的确定　当观测植株上或茎上出现某一生育期特征时，即为该个体进入了某一生育期。样点作物群体进入生育期，是以观测的总株（茎）数中进入生育期的株（茎）数所占的百分率确定的。第一次大于或等于 10% 为生育始期，大于或等于 50% 为生育普遍期，大于或等于 80% 为末期。一般生育期观测到 50% 为止。

2. 冬小麦生育期调查　冬小麦生育期调查表格如表 2-2 所示。冬小麦生育期的记载时间以大于或等于 50% 的观测作物的生育普遍期为准。GPS 坐标是指作物调查点的经度、纬度 GPS 测量值。

表 2-2　冬小麦生育时期调查表

品种：　　　　　　　　地点：　　　　　　　　调查人：

序号	GPS 坐标	生育时期	日期（月/日）	记载标准
1		播种期		冬小麦开始播种的当天日期
2		出苗期		从芽鞘中露出第 1 片绿色的小叶，伸出地面 2～3cm，条播竖看显行
3		分蘖期		第 1 叶鞘中露出第一分蘖的叶尖 0.5～1.0cm
4		越冬期		日平均气温降至 0℃，麦苗停止生长，处于休眠状态
5		返青期		植株转绿，年后新叶长出 0.5～1.0cm
6		起身期		苗由匍匐转直立（二棱期）
7		拔节期		茎基部节间伸出地面 1.5～2cm
8		孕穗期		旗叶全部抽出叶鞘（50%株）
9		抽穗期		麦穗第 1 小穗露出旗叶鞘
10		开花期		麦穗中部小穗开花，露出花药，散出花粉
11		乳熟期		籽粒体积定形，黄绿色，粒内呈乳状液
12		成熟期		80%以上粒变黄、变硬，仅上部第一、第二节仍呈微绿色。捏不变形，植株变黄
13		全生育期		播种至成熟的天数

3. 夏玉米生育期调查　夏玉米生育期调查表格如表 2-3 所示。夏玉米生育期的记载时间以大于或等于 50% 的观测作物的生育普遍期为准。GPS 坐标是指作物调查点的经度、纬度 GPS 测量值。

表 2-3　夏玉米生育时期调查表

品种：　　　　　　　　　　地点：　　　　　　　　　　调查人：

序号	GPS坐标	生育时期	日期（月/日）	记载标准
1		播种期		夏玉米开始播种的当天日期
2		出苗期		从芽鞘中露出第 1 片叶，全区苗高 2～3cm 的幼苗达 50% 以上的日期
3		拔节期		玉米基部节间由扁平变圆，全区 50% 以上植株基部茎节开始伸长，近地面用手可摸到圆而硬的茎节，节间长度约为 3.0cm。此时雄穗开始分化
4		大喇叭口期		全区 50% 以上的植株上部叶片（棒 3 叶）甩开呈现喇叭口形的日期
5		抽雄期		全区 50% 以上植株雄穗尖端露出顶叶 3～5cm 的日期
6		抽丝期		全区 50% 以上植株雌穗花丝伸出苞叶约 2cm 的日期
7		乳熟期		雌穗的花丝变成暗棕色或褐色，外层苞叶颜色变浅仍呈绿色，籽粒形状已达到正常大小，果穗中下部的籽粒充满较浓的白色乳汁
8		成熟期		全区 90% 以上的植株籽粒硬化，在籽粒基部出现黑色层，乳线消失，并呈现出品种固有的颜色和光泽的日期
9		全生育期		播种至成熟的天数

4. 棉花生育期调查　棉花生育期调查表格如表 2-4 所示。棉花生育期的记载时间以大于或等于 50% 的观测作物的生育普遍期为准。GPS 坐标是指作物调查点的经度、纬度 GPS 测量值。

表 2-4　棉花生育时期调查表

品种：　　　　　　　　　　地点：　　　　　　　　　　调查人：

序号	GPS坐标	生育时期	日期（月/日）	记载标准
1		播种期		棉花开始播种的当天时间
2		出苗期		幼苗出土，2 片子叶展开
3		3 真叶期		从主茎顶端出现完全展开的第 3 片真叶
4		5 真叶期		从主茎顶端出现完全展开的第 5 片真叶
5		现蕾期		植株最下部果枝第 1 果节出现三角塔形花蕾，长约 3.0mm
6		开花期		植株下部果枝有花朵开放
7		开花盛期		50% 的棉株第 4 果枝上有花朵开放
8		裂铃期		植株上出现正常开裂的棉铃，可见到棉絮
9		吐絮期		植株上出现完全张开的棉铃，棉絮外露呈松散状态，容易从铃瓣中取出。如果天气阴雨，棉铃难以正常裂铃或吐絮，发育期推迟应注明
10		吐絮盛期		50% 的棉株第 4 果枝上有棉铃吐絮
11		停止生长期		因霜冻的突然侵袭，棉株幼嫩部分不再继续生长或呈凋萎状态，即将出现霜冻的那天记为停止生长期。停止生长前拔秆的地区记拔秆日期
12		全生育期		播种至停止生长的天数

5. 大豆生育期调查　　大豆生育期调查表格如表2-5所示。大豆生育期的记载时间以大于或等于50%的观测作物的生育普遍期为准。GPS坐标是指作物调查点的经度、纬度GPS测量值。

表 2-5　大豆生育时期调查表

品种：　　　　　　　　　　　　地点：　　　　　　　　　　　　调查人：

序号	GPS坐标	生育时期	日期（月/日）	记载标准
1		播种期		大豆开始播种的当天时间
2		出苗期		子叶在土壤表面展开
3		3真叶期		2片真叶（单叶）出现后，又出现了由3片小叶组成的复叶，并开始展开
4		分枝期		在主茎基部叶腋间出现了长约1.0cm的侧芽。出现分枝期因品种而异，有的在开花前，有的在开花后
5		开花期		花序上展开了第1朵花的上花瓣（旗瓣）果枝第1果节出现三角塔形花蕾，长约3.0mm
6		结荚期		落花后开始形成幼荚，长约2.0cm
7		鼓粒期		荚果子粒开始明显凸起
8		裂铃期		植株上出现正常开裂的棉铃，可见到棉絮
9		成熟期		植株变黄，下部叶开始枯落，荚果变干，籽粒变硬，呈现出该品种固有的颜色
10		全生育期		播种至成熟的天数

6. 水稻生育期调查　　水稻生育期调查表格如表2-6所示。水稻生育期的记载时间以大于或等于50%的观测作物的生育普遍期为准。GPS坐标是指作物调查点的经度、纬度GPS测量值。

表 2-6　水稻生育时期调查表

品种：　　　　　　　　　　　　地点：　　　　　　　　　　　　调查人：

序号	GPS坐标	生育时期	日期（月/日）	记载标准
1		播种期		水稻开始播种的当天时间
2		出苗期		从芽鞘中生出第1片不完全叶
3		3叶期		从第2片完全叶的叶鞘中，出现了全部展开的第3片完全叶
4		移栽期		移栽的日期
5		返青期		移栽后叶色转青，心叶重新展开或出现新叶（上午叶尖有水珠出现），用手将植株轻轻上提，有阻力，说明根已扎入泥中
6		分蘖期		叶鞘中露出新生分蘖的叶尖，叶尖露出长0.5～1.0cm。分蘖期达到普遍后，进行分蘖动态观测，每5d加测1次，确定分蘖盛期（观测增长数最多的一次）和有效分蘖终止期（单位面积总茎数达到预计成穗数），达到有效分蘖终止期即停止分蘖动态观测，测定结果记入密度测定一项。分蘖观测以本田为主，如果在秧田中已有分蘖，应记载分蘖开始期和普遍期，记入备注栏内

（续）

序号	GPS 坐标	生育时期	日期（月/日）	记载标准
7		拔节期		茎基部茎节开始伸长，形成有显著茎秆的茎节为拔节。拔节高度距最高生根节长度早稻为 1.0cm，中稻为 1.5cm，晚稻为 2.0cm。早稻在拔节前穗分化开始，第 1 节间伸长；中稻在拔节时穗分化开始，第 1 节间定长，第 2 节间伸长；晚稻在拔节后穗分化开始，第 1、2 节间均为定长，第 3 节间伸长
8		孕穗期		剑叶全部露出叶鞘
9		抽穗期		穗子顶端从剑叶叶鞘中露出。有的稻穗从叶鞘旁呈弯曲状露出。如大量出现此种弯曲抽穗情况，可能由于气象条件影响所致，应加以注明。抽穗期除记载始期、普遍期外，还应记载末期（即齐穗期）。稻穗抽出后当天或 1～2d 即开花，故不观测开花期。晚稻遇有低温影响开花时，应在备注栏注明
10		乳熟期		穗子顶部的籽粒达到正常谷粒的大小，颖壳充满乳浆状内含物，籽粒呈绿色
11		成熟期		籼稻稻穗上有 80% 以上，粳稻有 90% 以上的谷粒呈现该品种固有的颜色
12		全生育期		播种至成熟的天数

五、作物长势状况调查

作物长势状况调查的目的是鉴定气象条件、农田管理措施对作物生长的影响，提供遥感监测作物长势的地面验证数据，为作物产量预报提供基础资料。

1. 冬小麦长势调查 主要调查冬小麦出苗、分蘖、越冬、返青、起身、拔节、孕穗、抽穗、开花、乳熟、成熟生育普遍期的生长状况。调查内容如表 2-7～表 2-11 所示。

表 2-7 冬小麦出苗期调查表

调查时间：　　　　　　　　　　地力状况：　　　　　　　　　　灾害：
调查地点：　　　　　　　　　　灌溉条件：　　　　　　　　　　小麦品种：
施肥情况：

指　　标	
调查点的面积（亩）	
基本苗数（万/亩）	
株高（cm）	
单株叶面积（cm²）	
叶面积指数	
备注	

注：1. 地力状况填好、中、差；
2. 灌溉条件填写灌溉次数、灌溉时间、灌溉量；
3. 施肥情况填写施肥次数、肥料类型、施肥时间、施肥量；
4. 灾害填写受灾原因；
5. 基本苗数：田间抽点，数清一定面积内的苗数，折亩苗数；
6. 株高：苗基部至最长叶尖或苗基部至穗顶（不带芒）的高度；
7. 单株叶面积：定点取有代表性苗株 25 株，分别测定每一叶片的长和宽（一般测定具有同化能力的绿色叶片）。再根据以下公式求出单株叶面积和亩叶面积。

$$单株叶面积（cm^2）=\frac{\sum(L \times B)}{1.2}$$

式中，$\sum$ 表示叶片总和，L 为叶长，B 为叶宽。
每亩叶面积（cm²）＝单株叶面积×每亩总株数（或基本苗数）；

8. 叶面积指数$=\frac{每亩叶面积（cm^2）}{666.7 \times 10\,000（cm^2）}$。

表 2 - 8 冬小麦分蘖期调查表

调查时间： 　　　　　　　地力状况： 　　　　　　　灾害：
调查地点： 　　　　　　　灌溉条件： 　　　　　　　小麦品种：
施肥情况：

指 标	
冬前每亩总茎数（万/亩）	
株高（cm）	
单株叶面积（cm²）	
叶面积指数	

注：冬前每亩总茎数指在越冬前苗停长，田间抽点，数清一定面积内的茎数，折亩茎数。

表 2 - 9 冬小麦返青期调查表

调查时间： 　　　　　　　地力状况： 　　　　　　　灾害：
调查地点： 　　　　　　　灌溉条件： 　　　　　　　小麦品种：
施肥情况：

指 标	
每亩总茎数（万/亩）	
株高（cm）	
单株叶面积（cm²）	
叶面积指数	

表 2 - 10 冬小麦起身期、拔节期、孕穗期调查表

调查时间： 　　　　　　　地力状况： 　　　　　　　灾害：
调查地点： 　　　　　　　灌溉条件： 　　　　　　　小麦品种：
施肥情况：

指 标	
株高（cm）	
单株叶面积（cm²）	
叶面积指数	

表 2 - 11 冬小麦抽穗期、开花期、乳熟期调查表

调查时间： 　　　　　　　地力状况： 　　　　　　　灾害：
调查地点： 　　　　　　　灌溉条件： 　　　　　　　小麦品种：
施肥情况：

指 标	
株型	
株高（cm）	
整齐度	
叶色	

（续）

指　标	
茎粗（mm）	
单株叶面积（cm²）	
叶面积指数	

注：1. 株型分松散、中间、紧凑 3 种；

2. 整齐度分整齐（株间高度相差不到一个麦穗）、中等整齐（株间高度较一致，少数相差一个麦穗以上）、不整齐（植株高度参差不齐）；

3. 叶色分深、中、淡；

4. 茎粗：量地上部第 2 节间中部茎的直径粗度。

2. 夏玉米长势调查　主要调查夏玉米出苗、拔节、大喇叭口、抽雄、抽丝、乳熟、成熟生育普遍期的生长状况。调查内容如表 2-12～表 2-15 所示。

表 2-12　夏玉米出苗期调查表

调查时间：　　　　　　　　　　地力状况：　　　　　　　　　灾害：

调查地点：　　　　　　　　　　灌溉条件：　　　　　　　　　玉米品种：

施肥情况：

指　标	
整齐度	
株高（cm）	
亩株数（万/亩）	
单株叶面积（cm²）	
叶面积指数	

注：1. 整齐度分整齐、中等整齐、不整齐；

2. 株高：从地面至把叶拉直的最高点的距离；

3. 亩株数：选取有代表性样点，一般为 1m²，数清样点内的株数，求出亩株数；

4. 单株叶面积：定点取有代表性苗株 25 株，分别测定每一叶片的长和宽（一般测定具有同化能力的绿色叶片）。再根据以下公式求出单株叶面积和亩叶面积：

$$单株叶面积 A = \sum (L \times W) \times 0.75$$

其中，A 为叶面积（cm²），$\sum$ 表示叶片总和，L 为叶长（cm），W 为叶宽（cm），0.75 为系数；

5. 叶面积指数 $= \dfrac{平均单株叶面积（cm²）\times 亩株数}{666.7 \times 10\ 000（cm²）}$。

表 2-13　夏玉米拔节期、大喇叭口期、抽雄期调查表

调查时间：　　　　　　　　　　地力状况：　　　　　　　　　灾害：

调查地点：　　　　　　　　　　灌溉条件：　　　　　　　　　玉米品种：

施肥情况：

指　标	
叶姿	
亩株数（万/亩）	
植株高度（cm）	
单株叶面积（cm²）	
叶面积指数	

注：叶姿分披散、中间、挺直。

表 2-14　夏玉米吐丝期调查表

调查时间：　　　　　　　　　　地力状况：　　　　　　　　灾害：
调查地点：　　　　　　　　　　灌溉条件：　　　　　　　　玉米品种：
施肥情况：

指　　标	
整齐度	
植株高度（cm）	
单株叶面积（cm^2）	
叶面积指数	

表 2-15　夏玉米乳熟期调查表

调查时间：　　　　　　　　　　地力状况：　　　　　　　　灾害：
调查地点：　　　　　　　　　　灌溉条件：　　　　　　　　玉米品种：
施肥情况：

指　　标	
植株高度（cm）	
单株叶面积（cm^2）	
叶面积指数	

3. 棉花长势调查　　主要调查棉花 5 真叶（定苗）、开花、开花盛期、裂铃、吐絮和吐絮盛期生育普遍期的生长状况。调查内容如表 2-16～表 2-20 所示。

表 2-16　棉花 5 真叶期调查表

调查时间：　　　　　　　　　　地力状况：　　　　　　　　灾害：
调查地点：　　　　　　　　　　灌溉条件：　　　　　　　　棉花品种：
施肥情况：

指　　标	
株高（cm）	
亩株数（万/亩）	
单株叶面积（cm^2）	
叶面积指数	

注：棉花的叶面积校正系数（K）为 0.75。

表 2-17　棉花现蕾期、开花期、开花盛期、裂铃期调查表

调查时间：　　　　　　　　　　地力状况：　　　　　　　　灾害：
调查地点：　　　　　　　　　　灌溉条件：　　　　　　　　棉花品种：
施肥情况：

指　　标	
株高（cm）	
单株叶面积（cm^2）	
叶面积指数	

表 2-18 棉花吐絮期调查表

调查时间：　　　　　　　　　　　地力状况：　　　　　　　　　灾害：

调查地点：　　　　　　　　　　　灌溉条件：　　　　　　　　　棉花品种：

施肥情况：

指　　标	
株高（cm）	
亩株数（万/亩）	
单株叶面积（cm²）	
叶面积指数	

表 2-19 棉花吐絮盛期调查表

调查时间：　　　　　　　　　　　地力状况：　　　　　　　　　灾害：

调查地点：　　　　　　　　　　　灌溉条件：　　　　　　　　　棉花品种：

施肥情况：

指　　标	
单铃重（g）	
果枝数（个）	
单株叶面积（cm²）	
叶面积指数	

表 2-20 棉花特殊期调查表

地力状况：　　　　　　　　　　　灾害：　　　　　　　　　　　施肥情况：

调查地点：　　　　　　　　　　　灌溉条件：　　　　　　　　　棉花品种：

指　　标	
7月15日伏前桃数（个）	
8月15日伏桃数（个）	
9月10日秋桃数（个）	

注：统计直径≥2cm的棉铃数，求出单株平均铃数。

4. 大豆长势调查　主要调查大豆3叶期、分枝期、开花期和鼓粒期生育普遍期的生长状况。调查内容如表2-21～表2-23所示。

表 2-21 大豆3叶期调查表

调查时间：　　　　　　　　　　　地力状况：　　　　　　　　　灾害：

调查地点：　　　　　　　　　　　灌溉条件：　　　　　　　　　大豆品种：

施肥情况：

指　　标	
株高（cm）	
亩株数（万/亩）	
单株叶面积（cm²）	
叶面积指数	

表 2-22 大豆分枝期、开花期调查表

调查时间： 　　　　　　　　　　地力状况： 　　　　　　灾害：
调查地点： 　　　　　　　　　　灌溉条件： 　　　　　　大豆品种：
施肥情况：

指　　标	
株高（cm）	
单株叶面积（cm²）	
叶面积指数	

表 2-23 大豆鼓粒期调查表

调查时间： 　　　　　　　　　　地力状况： 　　　　　　灾害：
调查地点： 　　　　　　　　　　灌溉条件： 　　　　　　大豆品种：
施肥情况：

指　　标	
株高（cm）	
亩株数（万/亩）	
一次分枝数（个）	
荚果数（个）	
单株叶面积（cm²）	
叶面积指数	

5. 水稻长势调查 主要调查水稻移栽期、返青期、分蘖期、拔节期、抽穗期、乳熟期生育普遍期的生长状况。调查内容如表 2-24～表 2-29 所示。

表 2-24 水稻移栽期调查表

调查时间： 　　　　　　　　　　地力状况： 　　　　　　灾害：
调查地点： 　　　　　　　　　　灌溉条件： 　　　　　　水稻品种：
施肥情况：

指　　标	
株高（cm）	
亩株数（万/亩）	

表 2-25 水稻返青期调查表

调查时间： 　　　　　　　　　　地力状况： 　　　　　　灾害：
调查地点： 　　　　　　　　　　灌溉条件： 　　　　　　水稻品种：
施肥情况：

指　　标	
亩株数（万/亩）	
单株叶面积（cm²）	
叶面积指数	

注：水稻叶面积校正系数（K）为 0.83。

表 2 - 26 水稻分蘖期调查表

调查时间：   地力状况：   灾害：
调查地点：   灌溉条件：   水稻品种：
施肥情况：

指　　标	
单株叶面积（cm²）	
叶面积指数	

表 2 - 27 水稻拔节期调查表

调查时间：   地力状况：   灾害：
调查地点：   灌溉条件：   水稻品种：
施肥情况：

指　　标	
株高（cm）	
亩株数（万/亩）	
单株叶面积（cm²）	
叶面积指数	

表 2 - 28 水稻抽穗期调查表

调查时间：   地力状况：   灾害：
调查地点：   灌溉条件：   水稻品种：
施肥情况：

指　　标	
有效茎数（个/株）	
一次枝梗数（个）	
单株叶面积（cm²）	
叶面积指数	

表 2 - 29 水稻乳熟期调查表

调查时间：   地力状况：   灾害：
调查地点：   灌溉条件：   水稻品种：
施肥情况：

指　　标	
株高（cm）	
总茎数（万/亩）	
有效茎数（万/亩）	
结实粒数（粒）	
单株叶面积（cm²）	
叶面积指数	

六、作物产量结构分析调查

作物产量结构分析调查是对构成产量各因素之间的相互组合进行分析测定，以便综合分析鉴定全生育期中农业气象条件、农田管理措施对作物生长发育及产量形成影响的利弊程度，为作物遥感估产提供地面验证数据。

1. 作物产量结构分析调查时间 观测作物均需进行产量结构分析调查。在作物成熟后、收获前在观测样点 4 个区取样。先进行作物数量和长度测定，然后晾晒、脱粒，及时进行重量分析。

2. 理论产量和实产 理论产量为分析计算产量，以 $1m^2$ 产量表示。

调查样点实产需在作物成熟后单独收获，或取约 $100m^2$（每区约 $25m^2$，根据株、行距计算实际面积）单收、单晒、称重，计算 $1m^2$ 产量。

3. 冬小麦产量结构分析 冬小麦产量结构分析内容和调查表见表 2-30。

表 2-30 冬小麦收获期调查表

调查时间：　　　　　　　　　　地力状况：　　　　　　　　　　灾害：
调查地点：　　　　　　　　　　灌溉条件：　　　　　　　　　　小麦品种：
施肥情况：

指　　标	
亩穗数（万/亩）	
每亩穗粒数（个）	
千粒重（g）	
理论产量（kg/亩）	
实际产量（kg/亩）	
干物重（g）	
经济系数	

注：1. 亩穗数：选取有代表性样点，一般为 $1m^2$，数清样点内的有效穗数，求出亩穗数；

2. 每穗粒数：随机选取 10～20 穗（已经成熟）进行脱粒，然后求出每穗粒数；

3. 千粒重：随机取干麦粒 1 000 粒，称重，2 次平均；

4. 理论产量 $= \dfrac{亩穗数 \times 穗粒数 \times 千粒重}{1\,000 \times 1\,000}$；

5. 干物重：仅测地上部；

6. 经济系数 $= \dfrac{种子干重}{种子干重 + 茎叶干重}$。

4. 夏玉米产量结构分析 夏玉米产量结构分析内容和调查表见表 2-31。

表 2-31 夏玉米收获期调查表

调查时间：　　　　　　　　　　地力状况：　　　　　　　　　　灾害：
调查地点：　　　　　　　　　　灌溉条件：　　　　　　　　　　玉米品种：
施肥情况：

指　　标	
植株高度（cm）	
秃尖率（%）	

(续)

指　　标	
空杆率（%）	
穗行数（行）	
行粒数（粒）	
双穗率（%）	
籽粒产量（kg/亩）	
经济系数	
亩株数（万/亩）	
株穗数（个/株）	
穗粒数（粒/穗）	
百粒重（g）	
理论产量（kg/亩）	
实际产量（kg/亩）	

注：1. 样点选出有代表性植株10～20株；
2. 秃尖率：秃尖长度占果穗长度的百分数；
3. 空杆率：不结实或有穗结实不足10粒的植株占全样品植株数的百分率；
4. 穗行数：果穗中部籽粒行数，求平均值；
5. 行粒数：每穗数一行中等长度的粒数，求平均值；
6. 双穗率：收获时记数调查区结双穗的株数占总株数的百分比；
7. 籽粒产量：将小区内全部果穗风干到恒重，脱粒称重，折算成每亩产量；
8. 经济系数：籽粒干重与植株干重的比值，植株充分风干后称；
9. 理论产量：理论产量 $=\dfrac{亩穗数×穗粒数×千粒重}{1\,000×1\,000}$。

5. 棉花产量结构分析　棉花产量结构分析内容和调查表见表2-32。

表2-32　棉花停止生长期调查表

调查时间：　　　　　　　　　地力状况：　　　　　　　灾害：
调查地点：　　　　　　　　　灌溉条件：　　　　　　　棉花品种：
施肥情况：

指　　标	
单株叶面积（cm²）	
叶面积指数	
株籽棉重（g）	
衣分（%）	
籽棉理论产量（g/m²）	
茎秆重（g/m²）	
籽棉与茎秆比	

6. 大豆产量结构分析　大豆产量结构分析内容和调查表见表2-33。

表 2 - 33　大豆成熟期调查表

调查时间：　　　　　　　　　　地力状况：　　　　　　　　灾害：
调查地点：　　　　　　　　　　灌溉条件：　　　　　　　　大豆品种：
施肥情况：

指　　　标	
单株叶面积（cm^2）	
叶面积指数	
株荚数（个）	
空秕荚率（%）	
株结实粒数（粒）	
株籽粒重（g）	
百粒重（g）	
理论产量（g/m^2）	
茎秆重（g/m^2）	
籽粒与茎秆比	

7. 水稻产量结构分析　水稻产量结构分析内容和调查表见表 2 - 34。

表 2 - 34　水稻成熟期调查表

调查时间：　　　　　　　　　　地力状况：　　　　　　　　灾害：
调查地点：　　　　　　　　　　灌溉条件：　　　　　　　　水稻品种：
施肥情况：

指　　　标	
穗粒数（粒）	
穗结实粒数（粒）	
空壳率（%）	
秕谷率（%）	
千粒重（g）	
理论产量（g/m^2）	
株成穗数（个）	
成穗率（%）	
茎秆重（g/m^2）	
籽粒与茎秆比	

第二节　农情遥感监测地面调查数据库标准

地面调查数据库是"国家级农情遥感监测和信息服务系统"项目的基础数据库。为了更好地管理和共享地面调查数据，统一和规范数据库建设方法、内容要求和数据库结构，特编制本工作标准。

一、范围

本工作标准规定了作物生育期、长势、产量地面调查数据文件命名规则以及要素、属性数据的结构等。

二、规范性引用文件

下列文件对于本文件的应用是必不可少的。凡是注日期的引用文件，仅注日期的版本适用于本文件。凡是不注日期的引用文件，其最新版本（包括所有的修改单）适用于本文件。

GB/T 2260—2007　中华人民共和国行政区划代码

GB/T 13989—2012　国家基本比例尺地形图分幅和编号

GB/T 18391.3—2001　信息技术　数据元的规范与标准化　第 3 部分：数据元的基本属性

GB/T 18391.5—2002　信息技术　数据元的规范与标准化　第 5 部分：数据元的命名和标识原则

三、作物生育期信息分类和编码

作物生育期信息分类和编码见表 2 - 35。

表 2 - 35　作物生育期信息分类与代码

作物名称 1	作物名称 2	生育期名称和代码
小麦 10	冬小麦 11 春小麦 12	播种期 01、出苗期 02、分蘖期 03、越冬期 04、返青期 05、起身期 06、拔节期 07、孕穗期 08、抽穗期 09、开花期 10、乳熟期 11
玉米 20	夏玉米 21 春玉米 22	播种期 01、出苗期 02、拔节期 03、大喇叭口期 04、抽雄期 05、抽丝期 06、乳熟期 07、成熟期 08
棉花 30		播种期 01、出苗期 02、3 真叶期 03、5 真叶期 04、现蕾期 05、开花期 06、开花盛期 07、裂铃期 08、吐絮期 09、吐絮盛期 10、停止生长期 11
大豆 40		播种期 01、出苗期 02、3 真叶期 03、分枝期 04、开花期 05、结荚期 06、鼓粒期 07、成熟期 08
水稻 50		播种期 01、3 叶期 02、移栽期 03、返青期 04、分蘖期 05、拔节期 06、孕穗期 07、抽穗期 08、乳熟期 09、成熟期 10

四、作物生育期数据库数据文件命名规则

作物生育期数据文件命名规则如图 2 - 1 所示：

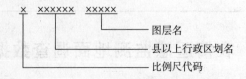

图 2 - 1　作物生育期数据文件命名规则

命名规则：①文件名采用 12 位字母数字型代码，位数不足补零。②比例尺代码采用 1 位字符码，比例尺代码表见表 2 - 36。③县以上行政区划代码采用 6 位数字型代码，由中华

人民共和国行政区划代码（GB/T 2260—2007）标准查取。④图层名采用 5 位字母型代码。
例 1：中华人民共和国 1：100 万作物生育期数据库文件命名格式为 A000000shyqi. XXX。例
2：河北省 1：25 万作物生育期数据库文件命名格式为 C130000shyqi. XXX。

表 2 - 36　图件比例尺代码

字符代码	比例尺
A	1：100 万
B	1：50 万
C	1：25 万
D	1：10 万
E	1：5 万
F	1：2.5 万
G	1：1 万
H	1：5 000
I	1：2 000
J	1：1 000
K	1：500
U	1：600 万
V	1：500 万
W	1：400 万
X	1：250 万
Y	1：200 万
Z	1：20 万

　　注：比例尺 1：100 万～1：5 000 的代码采用 GB/T 13989—2012 国家标准代码，小于 1：100 万、大于 1：5 000 及 1：20 万比例尺代码为本工作标准扩充的内容。

五、作物生育期数据要素的分类、编码与特征描述

　　按照要素特征的不同，将作物生育数据库数据要素分为生育期等值线、生育期采样点等要素，各类要素的代码、名称与特征描述见表 2 - 37。

表 2 - 37　作物生育期数据要素描述

要素代码	要素名称	几何特征	说明
L	生育期等值线	线	
P	生育期调查点	点	

六、作物生育期空间数据库结构

作物生育期数据库的空间数据采用层的方法进行组织管理，层的名称、编码见图2-2。

图2-2　作物生育期空间数据文件命名规则

命名规则：①主文件名采用五位字母数字型代码；②作物生育期代码采用4位数字码，见表2-35；③作物生育期要素代码采用1位字母码，见表2-37。

七、地面调查属性数据库结构

1. 作物生育期等值线属性结构　见表2-38。

表2-38　作物生育期等值线属性数据结构描述

序号	字段名称	字段代码	字段类型	字段长度	小数位
1	标识码	BSM	Int	4	
2	要素代码	YSM	Char	1	
3	生育时期	WHX	Char	4	

注：生育时期代码采用月（2位）和日（2位），如6月15日为0615。

2. 地面调查采样点属性结构

（1）样地信息　见表2-39。

表2-39　样地信息描述

序号	字段名称	字段代码	字段类型	字段长度	小数位	单位	备注
1	编号	BH	Int	10			
2	样地代码	YDDM	Char	12			日期和采样点号。如200507120001
3	样地地址	YDDZ	Char	40			
4	样地类型	YDLX	Char	1			样点D，样地P
5	行政区代码	XZQDM	Int	9			GB/T 2260—2007
6	行政区名称	XZQMC	Char	26			GB/T 2260—2007
7	调查时间	DCSJ	日期型	8			YYYYMMDD
8	作物名称	ZWMC	Char	12			
9	作物品种	ZWPZ	Char	20			
10	经度	JD	数字型	双精度		°	
11	纬度	WD	数字型	双精度		°	
12	高程	GC	数字型	4		m	

（2）照片信息表 见表2-40。

表 2-40 照片信息描述

序号	字段名称	字段代码	字段类型	字段长度	小数位	单位	备注
1	照片编号	ZPBH	Char	20			
2	照片名称	ZPMC	Char	30			
3	照片路径	ZPLJ	Char	50			
4	拍照日期	PZRQ	日期型	8			YYYYMMDD
5	拍照人	PZR	Char	20			
6	样地代码	YDDM	Char	12			日期和采样点号。如200507120001
7	描述	MS	Char				

（3）作物区划信息表 见表2-41。

表 2-41 作物区划信息描述

序号	字段名称	字段代码	字段类型	字段长度	小数位	单位	备注
1	编号	BH	Int	10			
2	作物品种	ZWPZ	Char	20			
3	作物名称	ZWMC	Char	12			
4	分布区域ID	QYID	Int	6			
5	分布区域名称	QYMC	Char	40			
6	是否主要产区	ZYCQ	Char	4			

（4）作物生育期调查表 见表2-42。

表 2-42 作物生育期调查

序号	字段名称	字段代码	字段类型	字段长度	小数位	单位	备注
1	样地代码	YDDM	Char	12			日期和采样点号。如200507120001
2	调查时间	DCSJ	日期型	8			YYYYMMDD
3	作物名称	ZWMC	Char	12			
4	作物熟性	DWSX	Char	10			
5	栽培方式	ZPFS	Char	20			
6	作物品种	ZWPZ	Char	20			
7	生育期名称	WHMC	Char	4			参见表2-35作物生育期编码
8	生育期	WHQ	日期型	8			YYYYMMDD
9	全生育期天数	TS	Int	10			

（5）作物地面长势调查表

①小麦地面长势调查表。见表2-43。

表 2 - 43　小麦地面长势调查

序号	字段名称	字段代码	字段类型	字段长度	小数位	单位	备注
1	样地代码	YDDM	Char	12			日期和采样点号。如 200507120001
2	调查时间	DCSJ	日期型	8			YYYYMMDD
3	调查单位	DCDW	Char	40			
4	调查人	DCR	Char	20			
5	生育期名称	WHMC	Char	4			参见表 2 - 35 生育期编码
6	作物品种	ZWPZ	Char	20			
7	地力状况	DLZK	备注				
8	灌溉条件	GKTJ	备注				
9	施肥情况	SFQK	备注				
10	灾害情况	ZHQK	备注				
11	土壤墒情	TRSQ	备注				
12	苗情长势	MQZS	备注				
13	调查点面积	DCMJ	双精度型		2	亩	
14	株型	ZX	Char	10			
15	株高	ZG	双精度型		2	cm	
16	整齐度	ZQD	Char				
17	叶色	YS	Char	10			
18	茎粗	JC	双精度型		2	mm	
19	基本苗数	JBMS	Int			万/亩	
20	亩茎数	MJS	Int			万/亩	
21	单株叶面积	DZMJ	双精度型		2	cm²	
22	叶面积指数	YMZS	双精度型		2		

②玉米地面长势调查表。见表 2 - 44。

表 2 - 44　玉米地面长势调查

序号	字段名称	字段代码	字段类型	字段长度	小数位	单位	备注
1	样地代码	YDDM	Char	12			日期和采样点号。如 200507120001
2	调查时间	DCSJ	日期型	8			YYYYMMDD
3	调查单位	DCDW	Char	40			
4	调查人	DCR	Char	20			
5	生育期名称	WHMC	Char	4			参见表 2 - 35 生育期编码
6	作物品种	ZWPZ	Char	20			
7	地力状况	DLZK	备注				
8	灌溉条件	GKTJ	备注				
9	施肥情况	SFQK	备注				
10	灾害情况	ZHQK	备注				

(续)

序号	字段名称	字段代码	字段类型	字段长度	小数位	单位	备注
11	土壤墒情	TRSQ	备注				
12	苗情长势	MQZS	备注				
13	调查点面积	DCMJ	双精度型		2	亩	
14	叶姿	YZ	Char	10			
15	亩株数	MZH	双精度型				
16	株高	ZG	双精度型		2	cm	
17	单株叶面积	DZMJ	双精度型		2	cm^2	
18	叶面积指数	YMZS	双精度型		2		
19	整齐度	ZQD	Char				

③棉花地面长势调查表。见表2-45。

表2-45 棉花地面长势调查

序号	字段名称	字段代码	字段类型	字段长度	小数位	单位	备注
1	样地代码	YDDM	Char	12			日期和采样点号。如200507120001
2	调查时间	DCSJ	日期型	8			YYYYMMDD
3	调查单位	DCDW	Char	40			
4	调查人	DCR	Char	20			
5	生育期名称	WHMC	Char	4			参见表2-35生育期编码
6	作物品种	ZWPZ	Char	20			
7	地力状况	DLZK	备注				
8	灌溉条件	GKTJ	备注				
9	施肥情况	SFQK	备注				
10	灾害情况	ZHQK	备注				
11	土壤墒情	TRSQ	备注				
12	苗情长势	MQZS	备注				
13	调查点面积	DCMJ	双精度型		2	亩	
14	株高	ZG	双精度型		2	cm	
15	单株叶面积	DZMJ	双精度型		2	cm^2	
16	叶面积指数	YMZS	双精度型		2		
17	7月15日伏前桃数	QFTS	Int			个	
18	8月15日伏桃数	BFTS	Int			个	
19	9月10日秋桃数	JXTS	Int			个	
20	亩株数	MZH	Int型			万/亩	
21	单铃重	DLZ	双精度型		2	g	
22	果株数	GSS	Int			个	

④大豆地面长势调查表。见表2-46。

表2-46　大豆地面长势调查

序号	字段名称	字段代码	字段类型	字段长度	小数位	单位	备注
1	样地代码	YDDM	Char	12			日期和采样点号。如200507120001
2	调查时间	DCSJ	日期型	8			YYYYMMDD
3	调查单位	DCDW	Char	40			
4	调查人	DCR	Char	20			
5	生育期名称	WHMC	Char	4			参见表2-35生育期编码
6	作物品种	ZWPZ	Char	20			
7	地力状况	DLZK	备注				
8	灌溉条件	GKTJ	备注				
9	施肥情况	SFQK	备注				
10	灾害情况	ZHQK	备注				
11	土壤墒情	TRSQ	备注				
12	苗情长势	MQZS	备注				
13	调查点面积	DCMJ	双精度型		2	亩	
14	株高	ZG	双精度型		2	cm	
15	单株叶面积	DZMJ	双精度型		2	cm^2	
16	叶面积指数	YMZS	双精度型		2		
17	亩株数	MZS	Int			万/亩	
18	一次分枝数	FZS	Int			个	
19	荚果数	JGS	Int			个	

⑤水稻地面长势调查表。见表2-47。

表2-47　水稻地面长势调查

序号	字段名称	字段代码	字段类型	字段长度	小数位	单位	备注
1	样地代码	YDDM	Char	12			日期和采样点号。如200507120001
2	调查时间	DCSJ	日期型	8			YYYYMMDD
3	调查单位	DCDW	Char	40			
4	调查人	DCR	Char	20			
5	生育期名称	WHMC	Char	4			参见表2-35生育期编码
6	作物品种	ZWPZ	Char	20			
7	地力状况	DLZK	备注				
8	灌溉条件	GKTJ	备注				
9	施肥情况	SFQK	备注				
10	灾害情况	ZHQK	备注				
11	土壤墒情	TRSQ	备注				
12	苗情长势	MQZS	备注				

（续）

序号	字段名称	字段代码	字段类型	字段长度	小数位	单位	备注
13	调查点面积	DCMJ	双精度型		2	亩	
14	株高	ZG	双精度型		2	cm	
15	单株叶面积	DZMJ	双精度型		2	cm^2	
16	叶面积指数	YMZS	双精度型		2		
17	亩株数	MZS	Int			万/亩	
18	有效茎数	YXJS	Int			个/株	
19	一次枝梗数	ZGS	Int			个	
20	总茎数	ZJS	Int			万/亩	
21	结实粒数	JSLS	Int			粒	

（6）作物产量构成调查表

①小麦产量构成调查表。见表2-48。

表2-48 小麦产量构成调查

序号	字段名称	字段代码	字段类型	字段长度	小数位	单位	备注
1	样地代码	YDDM	Char	12			日期和采样点号。如200507120001
2	调查时间	DCSJ	日期型	8			YYYYMMDD
3	调查单位	DCDW	Char	40			
4	调查人	DCR	Char	20			
5	常年平均产量	PJCL	双精度型		2	kg/亩	
6	当年预测产量	DNCL	双精度型		2	kg/亩	
7	亩穗数	MSS	Int			万/亩	
8	穗粒数	SLS	Int			个/亩	
9	千粒重	QLZ	双精度型		2	g	
10	理论产量	LLCL	双精度型		2	kg/亩	
11	实际产量	SJCL	双精度型		2	kg/亩	
12	干物重	GWZ	双精度型		2	g	
13	经济系数	JJXS	双精度型		2		

②玉米产量构成调查表。见表2-49。

表2-49 玉米产量构成调查

序号	字段名称	字段代码	字段类型	字段长度	小数位	单位	备注
1	样地代码	YDDM	Char	12			日期和采样点号。如200507120001
2	调查时间	DCSJ	日期型	8			YYYYMMDD
3	调查单位	DCDW	Char	40			
4	调查人	DCR	Char	20			
5	常年平均产量	PJCL	双精度型		2	kg/亩	

（续）

序号	字段名称	字段代码	字段类型	字段长度	小数位	单位	备注
6	当年预测产量	DNCL	双精度型		2	kg/亩	
7	株高	ZG	双精度型		2	cm	
8	秃尖率	TJL	双精度型		2	％	
9	空杆率	KGL	双精度型		2	％	
10	穗行数	SHS	Int			行	
11	行粒数	HLS	Int			粒	
12	双穗率	SSL	双精度型		2	％	
13	籽粒产量	ZLCL	双精度型		2	kg/亩	
14	亩株数	MZS	Int			万/亩	
15	株穗数	ZSS	Int			个/株	
16	穗粒数	SLS	Int			粒/穗	
17	百粒重	BLZ	双精度型		2	g	
18	理论产量	LLCL	双精度型		2	kg/亩	
19	实际产量	SJCL	双精度型		2	kg/亩	
20	经济系数	JJXS	双精度型		2		

③棉花产量构成调查表。见表 2-50。

表 2-50　棉花产量构成调查

序号	字段名称	字段代码	字段类型	字段长度	小数位	单位	备注
1	样地代码	YDDM	Char	12			日期和采样点号。如 200507120001
2	调查时间	DCSJ	日期型	8			YYYYMMDD
3	调查单位	DCDW	Char	40			
4	调查人	DCR	Char	20			
5	常年平均产量	PJCL	双精度型		2	kg/亩	
6	当年预测产量	DNCL	双精度型		2	kg/亩	
7	株籽棉重	ZZMZ	双精度型		2	g	
8	衣分	YF	双精度型		2	％	
9	籽棉理论产量	LLCL	双精度型		2	g/m²	
10	茎秆重	JGZ	双精度型		2	g/m²	
11	籽棉与茎秆比	JGB	双精度型		2		

④大豆产量构成调查表。见表 2-51。

表 2-51　大豆产量构成调查

序号	字段名称	字段代码	字段类型	字段长度	小数位	单位	备注
1	样地代码	YDDM	Char	12			日期和采样点号。如 200507120001

（续）

序号	字段名称	字段代码	字段类型	字段长度	小数位	单位	备注
2	调查时间	DCSJ	日期型	8			YYYYMMDD
3	调查单位	DCDW	Char	40			
4	调查人	DCR	Char	20			
5	常年平均产量	PJCL	双精度型		2	kg/亩	
6	当年预测产量	DNCL	双精度型		2	kg/亩	
7	株荚数	JJS	Int			个	
8	空秕荚数	KBJS	双精度型		2	%	
9	株结实粒数	JSLS	Int			粒	
10	株籽粒重	ZJLZ	双精度型		2	g	
11	百粒重	BLZ	双精度型		2	g	
12	理论产量	LLCL	双精度型		2	g/m²	
13	茎秆重	JGZ	双精度型		2	g/m²	
14	籽粒与茎秆比	ZJGB	双精度型				

⑤水稻产量构成调查表。见表2-52。

表2-52　水稻产量构成调查

序号	字段名称	字段代码	字段类型	字段长度	小数位	单位	备注
1	样地代码	YDDM	Char	12			日期和采样点号。如200507120001
2	调查时间	DCSJ	日期型	8			YYYYMMDD
3	调查单位	DCDW	Char	40			
4	调查人	DCR	Char	20			
5	常年平均产量	PJCL	双精度型		2	kg/亩	
6	当年预测产量	DNCL	双精度型		2	kg/亩	
7	穗粒数	SLS	Int			粒	
8	穗结实粒数	JSLS	Int			粒	
9	空壳率	KKL	双精度型		2	%	
10	秕谷率	BGL	双精度型		2	%	
11	千粒重	QLZ	双精度型		2	g	
12	理论产量	LLCL	双精度型		2	g/m²	
13	株成穗数	ZCSS	Int			个	
14	成穗率	CSL	双精度型		2	%	
15	茎秆重	JGZ	双精度型		2	g/m²	
16	籽粒与茎秆比	JGB	双精度型		2		

第三节　卫星遥感影像数据处理规范

"国家级农情遥感监测和信息服务系统"项目使用的卫星遥感影像数据分为两大类，即中、高空间分辨率影像（地面分辨率大于 30m，如 TM、SPOT、CBERS、ASTER 数据）和低空间分辨率影像（地面分辨率低于 100m，如 MODIS 数据）。本部分规定了项目使用的卫星遥感影像数据加工与管理要求。

一、范围

本部分采用经过辐射校正（粗校正）的全色影像、多光谱影像作为数据源，产品为不同分辨率的几何精校正影像数据和不同比例尺的控制点影像数据，这些遥感影像数据为项目进行作物面积、长势、旱情遥感监测以及估产提供基础数据。

本部分对项目使用的基础影像数据产品的技术要求、作业规程等做了统一规定，对影像产品生产和加工的数学基础、几何精度、生产技术要求、作业规程、技术指标、存储单位、产品命名和组织管理等做了统一的规定。

二、规范性引用文件

下列文件对于本文件的应用是必不可少的。凡是注日期的引用文件，仅注日期的版本适用于本文件。凡是不注日期的引用文件，其最新版本（包括所有的修改单）适用于本文件。

GB/T 2260—2007　中华人民共和国行政区划代码

GB/T 13989—2012　国家基本比例尺地形图分幅和编号

GB/T 14950—2009　摄影测量与遥感术语

三、术语和定义

下列术语和定义适用于本部分。

1. 几何校正　geometric correction

为消除图像的几何畸变而进行的处理过程，包括光学校正和数字校正，这里指数字校正。数字校正是通过计算机对每个像元逐个地解析纠正处理，一般包括像元坐标变换和像元灰度值重采样。

2. 克拉索夫斯基椭球体　Krassovsky spheroid

克拉索夫斯基 1940 年提出的椭球体，其长半径为 6 378 245m，扁率为 1/298.3。

3. 大地基准　geodetic datum

大地坐标系的基本参照依据，包括参考椭球参数和定位参数以及大地坐标的起算数据。

4. 1954 北京坐标系　Beijing geodetic coordinate system 1954

根据苏联 1943 年普尔科沃坐标系（采用克拉索夫斯基椭球），以 1956 年黄海高程系作为高程基准，通过联测和天文大地网局部平差所建立的大地坐标系。

5. 地图投影　map projection

按照一定数学法则，把参考椭球面上的点、线投影到平面上的方法。

6. 兰勃特等角割圆锥投影　Lambert conformal Conic

指双标准纬线等角割圆锥投影，由德国数学家兰勃特 1772 年拟定。

四、基础影像数据生产要求

1. 数据源 项目使用的卫星遥感基础影像数据源为经过辐射校正（粗校正）的全色影像、多光谱影像。影像具有一定的分辨率，清晰，无大面积噪声和云覆盖。

2. 数学基础 大地基准采用 1954 北京坐标系，投影方式采用兰勃特等角割圆锥投影，参考椭球体采用克拉索夫斯基椭球体（1940）。

3. 基础产品 基础产品为基础影像数据文件和控制点影像数据文件。

（1）基础影像数据文件 基础影像数据文件：经过几何精校正、以景为单位存储的全色影像、多光谱影像文件。

（2）控制点影像数据文件 控制点影像数据文件：以单个控制点为单位存储，分为不同比例尺系列的控制点影像文件，存储格式为 GeoTIFF 图像。控制点文档簿：存放全部控制点影像信息，文档簿名为 RSGCP。

4. 基础产品命名

（1）基础影像数据文件命名 基础影像数据文件命名遵循各自星源的命名规则。

示例 1：SPOT 卫星影像名称由字母 S、卫星系列号、轨道号、影像过境日期、字母 P 或 M（全色为 P，多光谱为 M）顺序组成。

示例 2：LANDSAT 卫星影像名称由传感器名称、卫星系列号、轨道号、影像过境日期、字母 P 或 M 顺序组成。

（2）控制点影像数据文件命名 控制点影像数据文件名称由 1∶100 万图幅编号、比例尺代码、相应比例尺图幅编号、控制点编号以及扩展名组成，共 17 个字符。格式如图 2-3 所示。

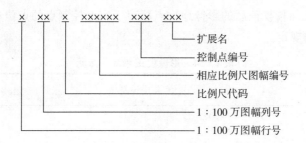

图 2-3 控制点影像数据文件命名规则图式

命名规则：①扩展名用 3 位英文字母表示，为 TIF。②控制点编号以顺序号 001～999 的数字区分同一幅图里所选的不同控制点。③相应比例尺图幅编号用 6 位字符表示，遵循 GB/T 13989—2012 规定。用 GPS 采集的控制点影像，依其所处地理位置采用 1∶5 000 的地形图图幅编号。④比例尺代码用 1 位字符表示，遵循 GB/T 13989—2012 规定。用 GPS 采集的控制点影像，本部分定为英文字母 P。⑤1∶100 万图幅列号用 2 位数字码表示。⑥1∶100 万图幅行号用 1 位英文字母表示。

5. 生产技术要求

（1）控制点影像数据生产要求 控制点影像数据如果由遥感影像或数字栅格影像（DRG）生成，影像大小以控制点点位所在的像元为中心，向东西南北四个方向各扩展 127 个像元，形成一个 255×255 像元的小矩形影像。

如果缺乏地形图资料，应采用能满足精度要求的 GPS 实地测量获取控制点坐标数据。GPS 采集精度按 10m 级（15m 左右）、米级（1～5m）和亚米级（小于 1m）3 个尺度划分。

（2）控制点文档簿填写要求　每个控制点的信息都应在控制点文档簿（RSGCP）中有记录。文档簿的结构如表 2-53 所示。

表 2-53　控制点文档簿结构

序号	数据项存储名称	类型	长度	说明
1	控制点名称	字符型	17	填写控制点影像文件名
2	比例尺代码	字符型	1	遵循 GB/T 13989—2012 规定
3	经度	数值型		单位为 °
4	纬度	数值型		单位为 °
5	大地坐标 X	数值型		单位为 m
6	大地坐标 Y	数值型		单位为 m
7	影像类型	字符型	1	I 表示遥感影像，D 表示 DRG 影像
8	影像分辨率	数值型		单位为 m/像元
9	其他说明	文本型		填写控制点来源等有关说明

（3）控制点选用　对卫星遥感影像校正时，可以根据控制点文档簿提供的信息选取最适宜的控制点，以相应比例尺的地形图为参考背景对影像进行校正，其精度应满足相应版本地形图的精度要求。

当缺乏所需要的控制点数据时，可采用地形图读点（应满足相应地形图的精度要求）或采用 GPS 实地测量进行校正（其定位精度在半个像元之内）。

（4）影像校正精度

①影像校正。几何精校正后的影像地物点相对于实地控制点的点位中误差与接边误差不得大于表 2-54 中的规定。

表 2-54　影像校正精度（像元）

地形类别	点位中误差	接边误差
平地	1	1.5
丘陵地	1	2
山地	2	3

注：最大限差不应超过 2 倍的中误差。

②影像对影像校正。如果用较高分辨率影像对较低分辨率影像进行校正，校正后的精度应能保证两者融合后的同名地物点的点位中误差不大于表 2-55 中的规定。

表 2-55　影像对影像的校正精度（像元）

地形类别	点位中误差
平地	1.0
丘陵地	1.5
山地	2.0

注：最大限差不应超过 2 倍的中误差。

6. 作业规程　项目进行影像精校正的作业规程如下：

（1）生产控制点影像数据　生产不同比例尺系列的控制点影像数据。

（2）建立控制点文档簿　在生产控制点影像数据的同时，建立控制点文档簿。

（3）确定校正投影带　当一景影像分布在不同投影带时，应将面积较大影像所在的投影带作为校正的投影带。

（4）影像校正顺序　同景的影像应先校正分辨率较高者，便于以其为标准对低分辨率影像进行校正。一般情况下，全色影像较多光谱影像分辨率高，则应先对全色卫星影像进行校正。

（5）选取控制点　影像校正时，一景影像上应至少选取 20 个分布均匀的控制点，控制点采用的个数和比例尺以满足影像校正精度的要求为准。

（6）选择校正方法　应根据传感器类型、影像数据分辨率、地形特点和制图精度等因素，选择恰当校正方法。

（7）正射校正　为保证精度的要求，有条件时尽可能采用数字高程模型（DEM）对影像进行正射校正。对于地形起伏较大的地区，必须采用 DEM 对影像进行正射校正。

（8）影像到影像的校正　如果同景的较高分辨率影像已经得到校正，对较低分辨率影像的校正可以前者影像为基础，采用从影像到影像的校正技术，对较低分辨率影像进行校正配准、重采样。

在两种影像上分别选取明显的同名地物点，其坐标值应量测到 1 个像元单位。地物点应均匀分布于影像上，同名地物点的个数选择以满足校正精度要求为准。

当两种影像数据是同颗卫星同时摄影时，可采用同一套控制点进行影像的校正。

（9）影像增强处理　选择适当的方法，对影像进行增强处理，使影像色彩层次清楚，色调饱满亮丽又不过多丢失细节。

（10）基础产品形成　基础产品包括分景校正的基础影像数据文件、控制点影像数据文件、控制点影像文档簿。

（11）基础产品组织管理

①基础影像文件组织。几何精校正基础影像文件采用 3 级目录存放。第一级为 RSIMG 目录；第二级为卫星名称目录，卫星名称采用全称；第三级为卫星系列号目录，目录名第一个字符取卫星名称的首字符，其后为该星的系列号，格式见图 2-4。

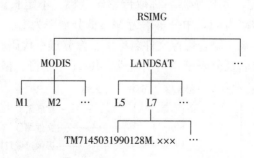

图 2-4　基础影像数据文件组织管理结构

②控制点影像文件组织。控制点影像文件采用 2 级目录存放。第一级为 GCP 目录；第二级由控制点影像文档簿名（RSGCP）和比例尺代码组成，格式见图 2-5。

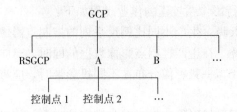

图 2-5 控制点影像数据文件组织管理结构

五、遥感影像建库要求

国家级农情遥感监测项目遥感影像库是在基础影像数据生产的基础上加工的合成产品，包括按行政区划单元存储的全色影像、多光谱影像及融合影像。

1. 数据源 以景为单位存储的、几何精校正的全色影像、多光谱影像。

2. 数学基础 大地基准采用 1954 年北京坐标系。投影方式和分带方式如下：

（1）以省或地区为单位存储的合成产品采用兰勃特等角割圆锥投影。

（2）以县为单位存储的合成产品采用高斯—克吕格投影，采用 6°分带。

3. 合成产品命名 项目遥感影像库为按不同级别行政区划单元存储的全色影像、多光谱影像和融合影像。

（1）全色影像、多光谱影像文件命名 全色影像、多光谱影像的文件名称由影像分辨率代码、传感器名称、行政区划代码、影像过境日期、扩展名及分隔符"—"组成。格式如图 2-6 所示。

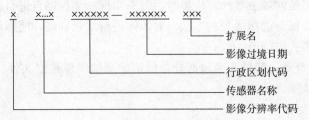

图 2-6 全色影像、多光谱影像文件命名规则图式

命名规则：①扩展名用 3 位英文字母表示。②影像过境日期用 6 位数字表示，采用 YYMMDD 格式。如果时相不同，取其中最近的日期。③行政区划代码用 6 位数字表示，遵循 GB/T 2260—2007 规定。④传感器名称取传感器全称，不定长。⑤影像分辨率代码用 1 位英文字母表示。高分辨率为 H，中分辨率为 M，低分辨率为 L。

（2）融合影像文件命名 融合影像文件名称由影像分辨率代码、行政区划代码、影像过境日期、文件编号、扩展名及分隔符"—"组成，共 21 个字符。格式如图 2-7 所示。

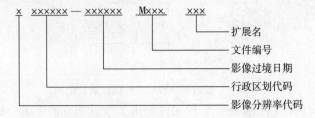

图 2-7 融合影像文件命名规则图式

命名规则：①扩展名用 3 位英文字母表示。②文件编号用 4 位字符表示，首位为字母 M，后 3 位字符自定。③影像过境日期填写融合影像中的多光谱影像的过境日期。用 6 位数字表示，采用 YYMMDD 格式。④行政区划代码用 6 位数字表示，遵循 GB/T 2260—2007 规定。⑤影像分辨率代码用 1 位英文字母表示。高分辨率为 H，中分辨率为 M，低分辨率为 L。

4. 合成技术要求

（1）合成对象　本部分规定全色波段影像、多光谱影像的拼接要尽可能采用同一时相或时相较为接近的影像数据。影像融合为遥感影像数据之间的融合，不能有非遥感影像数据。

（2）灰度均衡化处理　影像拼接时，对于相邻景与景之间的影像色调，应自然过渡，不要出现明显的灰度和色彩拼接缝，并要使接缝处的影像较清晰。

（3）融合算法选择　应该选择适当的算法，使融合后的影像色彩真实自然、不偏色，能够体现出影像的色彩和纹理特征。

5. 作业规程

（1）数据准备　①合成产品所用的基础影像数据必须符合基础影像数据生产要求的规定，经过必要的图像增强处理。②相应比例尺行政区划境界栅格图。

（2）投影转换　待拼接的基础影像应转换为本部分规定的投影坐标后再拼接。当采用高斯—克吕格投影时，如果待拼接的影像分布在不同的投影带，则取面积较大影像所在的投影带作为统一的转换投影带。

（3）影像拼接　在统一的坐标系下进行影像镶嵌应保证相邻影像中的同一地物要素全部接边，不得出现河流、道路等地物的像元错位现象。在影像镶嵌处，两幅图像灰度上的差别都会导致明显的拼接缝，应采用相关算法进行灰度一致化处理，尽可能消除拼接缝。在镶嵌处的影像不应有模糊、重叠或纹理断裂等现象，色调或灰度应平滑过渡。

（4）影像融合　当进行影像融合时，应根据影像的灰度动态范围，确定所采用的融合算法，并根据不同的融合算法分别对影像进行适当的增强预处理，以使融合后的影像经过调整处理，能够最佳地体现出遥感影像的色彩和纹理特征。

（5）影像裁剪　将拼接好的影像，用相应比例尺行政区划界线裁剪成图。

（6）影像裁剪　裁剪后的影像合成产品文件采用 3 级目录存放。第一级为 RSIMGBASE 目录；第二级为影像分辨率代码目录；第三级由影像融合（FUSION）和影像传感器名称目录组成，传感器名称采用传感器全称。格式见图 2-8。

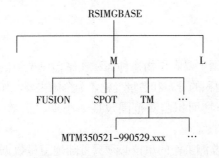

图 2-8　合成产品组织管理结构

第四节 作物播种面积遥感监测技术规范

一、范围

本规范规定了采用 TM 影像数据进行农作物播种面积遥感监测的内容、程序、方法及要求等。

本规范可用于"国家级农情遥感监测和信息服务系统"项目，其他相关应用可参照使用。

二、农作物播种面积遥感监测分类

1. 分类依据 遥感图像上的光谱信息及纹理结构对土地利用方式、耕作制度和覆盖特征等的综合反映。

2. 分类系统 农作物遥感监测分类系统采用二级分类，并进行统一编码，其中一级类分为 3 类，二级类分为 11 类。具体的分类名称及含义见表 2-56。

表 2-56 国家级农作物播种面积遥感监测分类系统及含义

一级类型		二级类型		含 义
编号	名称	编号	名称	
1	目标农作物*	11	目标农作物	指完全种植目标农作物的地块
2	混种	21	混种1	指目标农作物占混和地块面积≤15%**
		22	混种2	指目标农作物占混和地块面积 15%~25%
		23	混种3	指目标农作物占混和地块面积 25%~35%
		24	混种4	指目标农作物占混和地块面积 35%~45%
		25	混种5	指目标农作物占混和地块面积 45%~55%
		26	混种6	指目标农作物占混和地块面积 55%~65%
		27	混种7	指目标农作物占混和地块面积 65%~75%
		28	混种8	指目标农作物占混和地块面积 75%~85%
		29	混种9	指目标农作物占混和地块面积≥85%
3	非目标农作物	31	非目标农作物	指没有种植目标农作物的地块，包括其他农作物用地、水域、城镇及工业用地、农村居民点、未利用地、草地、林地等

* 目标农作物指农作物播种面积遥感监测对象。例如玉米播种面积遥感监测中，目标农作物为玉米，而棉花则为非目标农作物。

** 根据实地调查确定。

三、总则

1. 监测目的和任务 全国主要农作物播种面积遥感监测的目的和任务是实时、动态、准确地监测全国主要农作物播种面积的分布和数量变化，为全国主要农作物遥感估产提供数据支持。

2. 监测范围 主要农作物面积监测范围包括冬小麦、玉米、棉花、水稻主产区。监测工作区采用分层抽样原理布设。

3. 监测工作条件 承担监测工作的单位必须具备陆地卫星数据处理并准确提取主要农作物面积的技术能力和设备条件，如具备相关遥感图像处理软件、地理信息系统、数据库软件，图形输入/输出设备、GPS以及专业技术人员。全国主要农作物播种面积遥感监测以航天遥感信息为主（如陆地卫星影像），充分发挥遥感资料动态分析的优势，结合计算机图像处理识别。

4. 监测步骤　全国主要农作物播种面积遥感监测工作按以下步骤进行：①监测的准备工作；②卫星数据处理，包括几何校正、投影变换等；③播种面积提取；④实地验证；⑤面积量算；⑥面积变化率的计算；⑦编写监测区域的监测报告；⑧成果上报；⑨成果资料归档。

四、准备工作

1. 资料的收集和准备　农作物播种面积遥感解译工作之前，需要充分搜集和熟悉已有的成果资料，包括：①监测区域最新的1∶10万地形图、1∶10万和1∶20万土地利用现状图。②监测年份和上一年同地区最佳时相TM数据。其中，TM数据的最佳时相为：冬小麦：11月中旬至12月中旬，3月中旬至4月中旬；玉米：7月下旬至8月下旬；棉花：9月中旬至10月中旬；水稻：早稻4月下旬至6月下旬，中稻6月中旬至8月中旬，晚稻7月下旬至10月上旬；大豆：8～9月。TM数据的波段选择：波段2、3、4、5。③监测区域有关目标农作物的基本情况，包括种植制度、管理措施和产业政策以及气象、灾害等相关信息。

2. 条件准备　农作物播种面积遥感解译工作的基本条件要求如下：

（1）软件　遥感图像处理软件（ENVI、ERDAS或PCI）；地理信息系统软件（如ARC/INFO）；数据库软件等。

（2）硬件　高档计算机或工作站；图形输入设备；图形输出设备；GPS；数据存贮设备。

（3）其他　如交通工具等。

五、遥感数据预处理

如果采用TM数据进行主要农作物播种面积解译，其数据预处理如下：

1. 几何校正　TM数据解译时，投影采用3°分带的高斯—克吕格投影。控制点的选择以最新版本的1∶10万地形图为底图，在每景TM图像中选取20～40个控制点，并保持控制点的均匀分布，控制配准精度在0.5个像元之内。校正模型选用最小二乘法的二次或三次多项式方程。像元重采样采用最临近法或双线性插值法，校正后的像元分辨率设定为30m×30m。

2. 加绘控制点　为了保持原有的坐标系统，在人机交互目视解译之前需在TM图像上加绘标准控制点，标准控制点为1∶10万地形图的内图廓点。对图像进行增强后，将TM图像与所绘控制点一同以TIF格式导出，分辨率保持为30m×30m。

如果采用ARCVIEW或ARC/INFO（工作站或NT版）进行人机交互目视解译可忽略此条款。

六、农作物播种面积遥感提取

1. 解译标志的建立　根据每景TM图像的色彩、色调、纹理、形状、位置、大小、阴影等因素，结合相应的背景资料和作业人员的经验，按照"农作物播种面积遥感监测分类"部分定义的农作物播种面积遥感监测分类系统对遥感图像进行初判，然后通过野外调查核对、修正和补充判读结果，建立可靠、完整的解译标志，并将解译标志填入表2-57。

表 2 - 57 TM 图像的解译标志

轨道号＿＿＿＿＿＿＿＿＿　　成像时间＿＿＿＿＿＿＿＿　　建立日期＿＿＿＿＿＿＿＿

编号	类型	影像特征*	对应 TM 图像	对应实地照片编号	备注**

* 影像特征包括 TM 图像的色彩、色调、纹理、形状、大小、位置、阴影等。

** 备注应包括拍照地点、拍照时间及其他说明。

2. TM 图像判读技术指标

（1）对土地利用类型定性判对率不低于 95％，其中，农作物用地的定性判读精度大于 98％。

（2）对于人机交互目视解译，判读时提取目标地物的最小单元为 6×6 个像元。对于狭长地物的短边宽最小为 3 个像元，长度大于 12 个像元。

3. 农作物播种面积提取　在 ARC/INFO 软件环境下，将经过几何校正的 TM 标准假彩色合成图像（R4、G3、B2）作为背景层，建立一个新的 COVERAGE 作为判读层。通过人机交互方式，确定的解译标志在该层提取目标地类，并标注地类属性，属性字段为 CODE。

七、地面验证

1. 目的与意义　地面调查是农作物播种面积遥感监测精度控制的必要手段，其目的是检验、修改、补充室内解译成果，提高最终解译成果的质量和置信度。

2. 工作步骤

（1）准备工作　地面验证的数据收集准备工作包括：①工作区域内 1∶10 万地形图；②工作区域内 TM 影像、监测结果图；③制订调查方案，包括调查路线的选取和调查样地的布设方案等；④GPS、车辆等调查工具。

（2）调查方法　地面验证调查采用路线调查与图斑抽样相结合的方法。地面实地调查所抽取图斑的面积应占所监测区域面积的 5％以上。选取的地面实地调查样地，应尽量均匀分布于监测区域内。调查对象应重点突出，重点调查在室内遥感解译时不清晰的图斑和区域。

（3）调查内容　农作物播种面积遥感监测地面验证的内容包括：调查点的位置（用 GPS 定位）、调查地点的照片、实地情况与室内判读解译结果的比较。填写实地调查记录表（表 2 - 58），并编写实地调查报告。

表 2 - 58 农作物播种面积遥感监测实地调查记录表

调查时间：＿＿＿＿＿＿＿　　TM 影像轨道号：＿＿＿＿＿＿

编号	GPS 定位		行政区位置	判读地类	实地调查地类	是否一致	面积	照片编号	备注
	X	Y							

附注：

八、农作物播种面积量算

1. 投影转换 将影像判读结果转换成正轴等面积双标准纬线割圆锥投影，即 ALBERS 等积投影，投影参数为为：中央经线：东经 105°；南标准纬线：北纬 25°；北标准纬线：北纬 47°；椭球体：克拉索夫斯基椭球体 Krasovsky。

2. 县（市）行政边界的套合 县（市）界以 1：10 万地形图为基础，参照最新出版的中国行政界线图修正县（市）的行政边界。

各县（市）的属性代码按照《中华人民共和国行政区划代码》（GB/T 2260—2007）中规定的县级以上数字码，并加入新字段"县名称"，输入县的全称。

县（市）行政边界图采用"投影转换"中的 ALBERS 等积投影。

3. 公共区域的确定 农作物播种面积遥感监测所采用的相邻两年同一地区同时相 TM 数据，由于卫星轨道的微小变化，两景 TM 影像覆盖区域稍有不同。为使两年的数据具有可比性，必须在这两景 TM 影像上选出最大公共区作为面积量算区域。

4. 面积计算 农作物播种面积计算以县（市）为单位，量算区域内各县（市）目标农作物的播种面积。面积单位为公顷。面积计算结果填入表 2 - 59。

表 2 - 59 目标农作物面积统计表

编号	省名	县名	数字码	目标作物面积（公顷）		面积变化率（%）	县域完整程度（%）	备注*
				___年	___年			

* 说明该县目标作物面积变化的主要原因。

九、面积变化率的计算

面积变化率计算以县（市）为最小计量单位，按下列公式计算当年目标农作物的播种面积变化率：

$$R=(S_n-S_{n-1})/S_{n-1}×100$$

计算结果填入表 2 - 59。若两年 TM 影像覆盖公共区内监测县（市）的面积与该县（市）总面积比重小于 50%，则不计算该县（市）面积变化率。

十、编写监测报告

农作物播种面积遥感监测报告的格式和内容如下：

（1）监测资料 说明监测所用 TM 数据的轨道号、时相、波段及合成方案、图像质量评价，填写表 2 - 60；1：5 万或 1：10 万地形图的数目及其图幅编号。

表 2 - 60 TM 影像资料

TM 轨道号	成像时间	假彩色合成方案			图像质量评价
		R	G	B	

（2）解译标志　表2-57TM图像的解译标志及相应照片资料。

（3）工作流程图。

（4）精度分析。

（5）结果及分析。

（6）其他需要说明的问题。

（7）参加单位及参加人员。

十一、成果上报

1. 上报内容及格式　成果上报内容如下：

（1）监测报告　包括打印稿及电子文档，文件名为 RPTyyaa. DOC，其中 yy 为公元纪年的后二位数字，aa 为承担单位代码。

（2）TM 影像解译结果　包括同一监测区域两个时相的农作物遥感面积监测结果，以 Arc/Info 的 e00 格式文件保存，文件名为：Tmyyppprr. e00，其中 yy 为公元纪年的后二位数字，ppprr 为 TM 影像的轨道号。投影为 Albers 等积投影。

（3）表2-56～表2-60 的打印稿及其电子文档。

（4）表2-56～表2-60 所用照片，并在照片背后标注相应编号。

（5）CD-R，记录了上述所有计算机用文件。

2. 上报时间　主要农作物播种面积遥感监测内容在下列时间之前上报给上级主管部门。

冬小麦：12 月 22 日、4 月 7 日；玉米：9 月 21 日、10 月 10 日；水稻：6 月 22 日、8 月 24 日、9 月 15 日；棉花：10 月 10 日；大豆：9 月 15 日。

十二、资料归档

1. 立卷归档　主要农作物播种面积遥感监测资料的使用具有延续性和长期性，有些资料还涉及保密和权属问题，所以对监测使用的数据、资料和所得到的结果，要按不同性质、内容及用途装订成册，立卷归档，专柜存放，专人保管。

2. 归档范围　需要归档的资料包括：

（1）TM 数据资料。

（2）地形图。

（3）野外调查原始记录，包括调查表格、文字记录、照片、录音带、录像带等。

（4）监测结果，包括监测报告、监测农作物面积的数据文件（Arc/Info e00 文件和数据库文件等）以及其他中间结果等。

（5）会议材料，包括各种会议的报告、典型发言、会议纪要、简报等。

（6）相关信息资料，包括当地有关新闻报道、产业政策、灾情报告、统计资料等。

第五节　作物长势遥感监测技术规范

一、范围

本部分规定了农作物（冬小麦、夏玉米）长势遥感监测的内容、程序、方法及技术要求。

本部分可用于"国家级农情遥感监测和信息服务系统"项目，其他相关应用可参照使用。

二、缩略语

MODIS　中等分辨率成像光谱仪（Moderate Resolution Imaging Spectrometer)
NDVI　归一化植被指数（Normalized Difference Vegetation Index）

三、总则

1. 监测目的和任务　全国主要农作物长势遥感监测的目的和任务是实时、动态、准确地监测全国主要农作物的长势情况，为全国主要农作物遥感估产提供数据支持。

2. 监测范围　主要农作物长势遥感监测范围包括全国冬小麦、夏玉米主产区。

3. 监测时间　监测年份的 2 月 1 日至 12 月 31 日。农作物长势遥感监测共 14 次，平均14d 监测 1 次。

4. 监测条件　承担监测工作的单位必须具备卫星数据处理并计算主要农作物植被指数（NDVI）的技术能力和设备条件，如相关遥感图像处理软件、地理信息系统、数据库软件，图形输入/输出设备以及专业技术人员。全国主要农作物长势遥感监测以 MODIS 遥感数据为主，充分发挥遥感资料动态分析的优势，结合计算机图像处理识别。

5. 监测步骤　全国主要农作物长势遥感监测工作按下列步骤进行：

（1）监测的准备工作。

（2）MODIS 数据植被指数计算。

（3）作物长势分级和数据验证。

（4）编写监测报告。

（5）成果上报。

（6）成果资料归档。

四、准备工作

1. 资料的收集和准备　主要农作物长势遥感监测工作之前，必须充分搜集和熟悉已有的成果资料。应着重搜集以下资料：

（1）监测区域 1∶25 万地形图。

（2）1∶400 万中国行政区划图。

（3）监测区域冬小麦、夏玉米作物分布图。

（4）监测年份 MODIS 数据。采用的 MODIS 数据时间段参见表 2-61。

表 2-61　冬小麦（夏玉米）长势遥感监测时间

监测名称	序号	采用数据覆盖时间段
冬小麦长势遥感监测	1	2 月 23 日至 3 月 8 日
	2	3 月 9～22 日
	3	3 月 23 日至 4 月 5 日
	4	4 月 6～19 日

（续）

监测名称	序号	采用数据覆盖时间段
冬小麦长势遥感监测	5	4 月 20 日至 5 月 10 日
	6	5 月 11～24 日
	7	11 月 21 日至 12 月 6 日
	8	12 月 7～20 日
夏玉米长势遥感监测	1	6 月 22 日至 7 月 5 日
	2	7 月 6～19 日
	3	7 月 20 日至 8 月 2 日
	4	8 月 3～16 日
	5	8 月 17～30 日
	6	8 月 31 日至 9 月 13 日

（5）监测区域上一年份的 NDVI 数据。

（6）地面监测样点农作物长势调查数据。

（7）气象台站观测数据。

（8）监测区域有关目标农作物的基本情况，包括种植制度、管理措施和产业政策以及气象、灾害等相关信息。

2. 条件准备 遥感处理工作的基本条件要求如下：

（1）软件 遥感图像处理软件（ENVI、ERDAS 或 PCI）、地理信息系统软件（如 ARC/INFO）、数据库软件等。

（2）硬件 高档计算机或工作站、图形输入设备、图形输出设备、数据存储设备。

五、MODIS 数据植被指数计算

全国主要农作物长势遥感监测的主要方法是，以 MODIS 数据为信息源，利用其 1、2 波段计算地表植被的归一化植被指数（*NDVI*），通过与历年植被指数比较，再按照农作物种植区划，建立植被指数与地面监测样点实测数据的关系模型，定量监测冬小麦、夏玉米的长势。

1. 监测年份 *NDVI* 计算 以 MODIS 数据为信息源，在遥感影像处理软件支持下，利用其 1、2 波段逐天计算监测期内的植被指数 *NDVI*，计算公式如下：

$$NDVI = (CH_1 - CH_2) / (CH_1 + CH_2)$$

式中，CH_1、CH_2 为 MODIS 数据 1、2 波段的反射率。

2. 不同年份 *NDVI* 比较

（1）计算监测年份和上一年份 *NDVI* 的最大值，公式如下：

$$NDVI_{上一年} = MAX (NDVI)$$

$$NDVI_{监测年} = MAX (NDVI)$$

（2）计算两个年份 *NDVI* 的差值 D_{NDVI}，公式如下：

$$D_{NDVI} = NDVI_{上一年} - NDVI_{监测年}$$

六、作物长势分级和数据验证

与地面样点实测数据进行比较，对差值结果进行分级，获得冬小麦（夏玉米）长势信

息，再根据冬小麦、夏玉米种植区划和地面实测数据对分级参数进行调整。分级参数如下：

差：$D_{NDVI} \leqslant -25$

较差：$-25 < D_{NDVI} \leqslant -5$

正常：$-5 < D_{NDVI} \leqslant +5$

较好：$+5 < D_{NDVI} \leqslant +25$

好：$+25 < D_{NDVI}$

采用调整后的分级参数对 D_{NDVI} 重新分级。在 ARCVIEW 软件中，引用"长势监测"模板，生成新的冬小麦（夏玉米）长势遥感监测信息空间分布图，以 .eps 格式导出，在 Photoshop软件中转为 .tif 格式文件，图像分辨率设为 300dpi。

七、编写监测报告

农作物长势遥感监测报告内容如下：

（1）报告题目。

（2）监测区域农作物长势评价。遇严重灾害时，须对灾害对农作物长势影响进行评估。

八、成果上报

1. 上报内容和格式 成果上报内容如下：

（1）监测报告 文件名称"xxxx 年 xx 月 xx 日冬小麦长势 . doc"或"xxxx 年 xx 月 xx 日夏玉米长势 . doc"。

（2）冬小麦（夏玉米）空间分布图 空间分布图以两种形式保存：①. tif 格式保存，图像分辨率300dpi，模板文件："作物长势空间图 . tif"。文件名称"xxxx 年 xx 月 xx 日冬小麦长势 . tif"或"xxxx 年 xx 月 xx 日夏玉米长势 . tif"。②. ppt 格式保存，页面设置25.4cm× 19.05cm，图中各要素的位置、大小、字体、颜色等必须与模板文件中的完全一致，模板文件："作物长势空间分布 . ppt"。文件名称"xxxx 年 xx 月 xx 日冬小麦长势 . ppt"或"xxxx 年 xx 月 xx 日夏玉米长势 . ppt"。

（3）全国冬小麦（夏玉米）主产区分省和分区域结果报表。

（4）农作物长势遥感监测数据 ①保留原始合成植被指数（$NDVI$）影像，数据格式为 ERDAS 的 ∗ . img，文件名称 $NDVI$yymmdd. img，其中，$NDVI$ 为固定参数，yymmdd 为相应的年月日，为产品上报时间。②说明文件，包括：各区域长势分级参数；数据覆盖时间段；各区域灾情描述；其他说明。文件名称 readmeyymmdd. doc，其中，readme 为固定参数，yymmdd 为相应的年月日，为产品上报时间。③全国冬小麦（夏玉米）主产区长势评价影像，数据格式为 ARC/INFO 的 grid 格式，或为 ERDAS 的 ∗ . img。

2. 上报时间 农作物长势遥感监测结果按照如下时间上报上级主管部门。

（1）冬小麦长势遥感监测信息 12 月 6 日、12 月 20 日、3 月 8 日、3 月 22 日、4 月 5 日、4 月 19 日、5 月 10 日。

（2）夏玉米长势遥感监测信息 7 月 5 日、7 月 19 日、8 月 2 日、8 月 16 日、8 月 30 日、9 月 13 日。

九、资料归档

1. 立卷归档 农作物长势遥感监测资料的使用具有延续性和长期性，有些资料还涉及保密和权属问题，所以对监测使用的数据、资料和所得到的结果，要按不同性质、内容及用途装订成册，立卷归档，专柜存放，专人保管。

2. 归档范围　需要归档的资料包括：①MODIS 数据资料、卫片；②地形图；③野外调查原始记录，包括调查表格、文字记录、照片、录音带、录像带等；④监测结果，包括监测报告、监测的数据文件（ARC/INFO e00 文件和数据库文件等）以及其他中间结果等。⑤会议材料，包括各种会议的报告、典型发言、会议纪要、简报等；⑥相关信息资料，包括当地有关新闻报道、产业政策、灾情报告、统计资料等。

第六节　农业旱情遥感监测技术规范

一、范围

本部分规定了农业旱情遥感监测的内容、程序、方法及技术要求。

本部分可用于"国家级农情遥感监测和信息服务系统"项目，其他相关应用可参照使用。

二、总则

1. 监测目的和任务　全国农业旱情遥感监测的目的和任务是实时和动态监测全国农业旱情情况，为全国主要农作物遥感估产提供数据支持。

2. 监测方法　以土壤表观热惯量指数（P_{ATI}）和植被供水指数（$VSWI$）作为农业旱情遥感监测指标。一般情况下，裸土或植被盖度小于 15％的区域，采用热惯量模型；植被盖度大于等于15％的区域，采用植被供水指数模型。然后，根据土壤相对湿度指数（SHI）计算结果，结合农业旱情遥感监测分区及不同作物生育时期确定农业旱情等级，进行农业旱情评价。

3. 监测范围　全国大陆区域范围的耕地，包括水田和旱地。

4. 监测时间　监测年份的 2 月 1 日至 12 月 31 日。农业旱情遥感监测共 22 次，平均14d 监测 1 次。

5. 监测条件　承担监测工作的单位必须具备卫星数据处理技术能力和设备条件，如相关遥感图像处理软件、地理信息系统、数据库软件，图形输入/输出设备以及专业技术人员。全国农业旱情遥感监测以 MODIS 数据为主，充分发挥遥感资料动态分析的优势，结合计算机图像处理识别。

6. 监测步骤　全国农业旱情遥感监测工作按下列步骤进行：

（1）监测的准备工作。

（2）农业旱情遥感监测室内解译。

（3）农业旱情分级和数据验证。

（4）编写监测报告。

（5）成果上报。

（6）成果资料归档。

三、准备工作

1. 资料的收集和准备　全国农业旱情遥感监测工作之前，必须充分搜集和熟悉已有的成果资料。应着重搜集以下资料：

（1）1∶400 万中国行政区划图。

（2）监测年份 MODIS 数据。采用的 MODIS 数据时间段参见表 2 - 62。

表 2 - 62　农业旱情遥感监测时间

项　目	序号	采用数据覆盖时间段
全国农业旱情遥感监测	1	2 月 10～23 日
	2	2 月 24 日至 3 月 8 日
	3	3 月 9～22 日
	4	3 月 23 日至 4 月 5 日
	5	4 月 6～19 日
	6	4 月 20 日至 5 月 10 日
	7	5 月 11～24 日
	8	5 月 25 日至 6 月 7 日
	9	6 月 8～21 日
	10	6 月 22 日至 7 月 5 日
	11	7 月 6～19 日
	12	7 月 20 日至 8 月 2 日
	13	8 月 3～16 日
	14	8 月 17～30 日
	15	8 月 31 日至 9 月 13 日
	16	9 月 14～27 日
	17	9 月 28 日至 10 月 11 日
	18	10 月 12～25 日
	19	10 月 26 日至 11 月 8 日
	20	11 月 9～22 日
	21	11 月 23 日至 12 月 6 日
	22	12 月 7～20 日

（3）气象台站观测数据。

（4）其他相关数据：历史植被指数数据、全国植被分布数据库、全国土地利用数据库、全国农作物分布数据库、作物生育期数据库、全国逐月气象指标多年数据平均数据以及全国土壤墒情基准站的监测数据。

2. 条件准备　遥感处理工作的基本条件要求如下：

（1）软件　遥感图像处理软件（ENVI、ERDAS 或 PCI）、地理信息系统软件（如 ARC/INFO）、数据库软件等。

（2）硬件　高档微机或工作站、图形输入设备、图形输出设备、数据存贮设备。

四、农业旱情遥感监测室内解译

农业旱情遥感监测的方法如下：

（1）对全国进行农业旱情区域划分。

（2）根据不同区域以及农作物生育时期使用不同的农业旱情计算方法。

（3）以地面墒情监测网获得的地面样点实测数据校验和修正遥感监测结果。

（4）通过计算得到全国农业旱情空间分布图，进行农业旱情评价。

1. 全国农业旱情区域划分　采用中国农业综合种植区划作为农业旱情遥感监测分区系统，该分区综合考虑小麦、玉米、棉花、水稻、大豆 5 大监测作物不同生育期、关键需水期的土壤水分状况，每个区内的土壤相对湿度、降水及蒸发等天气指标、土壤质地与田间持水量等土壤指标较为一致，区与区之间差异明显。建立全国农业旱情遥感监测分区的目的是为区域农业旱情遥感监测提供依据。全国农业旱情遥感监测分区和编码见表 2 - 63。

表 2 - 63　农业旱情遥感监测分区系统

一级区代码	一级区名称	二级区名称	旱情区域代码
Ⅰ	东北区	兴安岭区	11
		松嫩三江平原农林区	12
		长白山地农林区	13
		辽宁平原丘陵林农区	14
Ⅱ	内蒙古及长城沿线区	内蒙古北部牧区	21
		内蒙古中南部牧农区	22
		长城沿线农牧林区	23
Ⅲ	黄淮海区	冀、鲁、豫低洼平原农业区	31
		黄淮平原农业区	32
		山东丘陵农林区	33
Ⅳ	黄土高原区	晋东、豫西丘陵山地农林牧区	41
		汾渭谷地农业区	42
		晋、陕、甘黄土丘陵沟谷牧林农区	43
		陇中青东丘陵农牧区	44
Ⅴ	长江中下游区	长江下游平原丘陵农畜水产区	51
		豫、鄂、皖低山平原农林区	52
		长江中游平原农业水产区	53
		江南丘陵山地农林区	54
		浙、闽丘陵山地林农区	55
		南岭丘陵山地林农区	56
Ⅵ	西南区	秦岭大巴山林农区	61
		四川盆地农林区	62
		川、鄂、湘、黔边境山地林农牧区	63
		黔、贵高原山地林农牧区	64
		川、滇高原山地农林牧区	65
Ⅶ	华南区	闽南、粤中农林水产区	71
		粤西、贵南农林区	72
		滇南农林区	73
		琼雷及南海诸岛农林区	74
		台湾农林区	75

（续）

一级区代码	一级区名称	二级区名称	旱情区域代码
Ⅷ	甘新区	蒙、宁、甘农牧区	81
		北疆农牧林区	82
		南疆农牧区	83
Ⅸ	青藏区	藏南农牧区	91
		川藏林农牧区	92
		青甘牧农区	93
		青藏高寒牧区	94

2. MODIS 数据植被供水指数计算 MODIS 数据植被供水指数计算步骤如下：

（1）以 MODIS 数据为信息源，利用其 1、2、31、32 波段逐天计算 15d 的植被供水指数（$VSWI$），计算公式如下：

$$VSWI = NDVI/T_s$$

式中，$T_s = 1.034\ 6T_{31} + 2.577\ 9\ (T_{31} - T_{32}) - 10.05$

$$NDVI = (CH_1 - CH_2) / (CH_1 + CH_2)$$

T_s——植被冠层温度；

T_{31}、T_{32}——MODIS 数据 31、32 波段的亮度值；

CH_1、CH_2——MODIS 数据 1、2 波段的反射率。

（2）计算 15d 内植被供水指数最大值（$VSWI_{max}$）。

（3）对 $VSWI_{max}$ 分级，获得植被供水指数分布信息。不同季节、不同地区采用不同的分级标准。

（4）利用地面气象台站实测的土壤 0～20cm 含水量数据，计算土壤相对湿度指数（SHI），并对其进行插值，获得土壤相对湿度指数分布趋势。

（5）利用气象站点土壤含水量观测数据、地面样点实测数据与 $VSWI_{max}$ 拟合，同时参照（4）中计算的土壤相对湿度指数分布趋势，修正（3）的参数。

（6）采用调整后的分级参数对 $VSWI_{max}$ 重新分级。

（7）在 ARCVIEW 软件中，引用"全国农业旱情监测"模板，生成新的全国农业旱情遥感监测信息空间分布图，以 .eps 格式导出，在 Photoshop 软件中转为 .tif 格式文件，图像分辨率设为 300dpi。

3. 土壤表观热惯量指数（P_{ATI}）计算 土壤表观热惯量指数计算公式如下：

$$p_{ATI} = \frac{(1 - ABE)}{\Delta T}$$

式中，ΔT——一天最高温度、最低温度温差（K）；

ABE——地表全波段反照率（％），$ABE = 0.16CH_1 + 0.291CH_2 + 0.243CH_3 + 0.116CH_4 + 0.112CH_5 + 0.081CH_7 - 0.0015$（$CH_1$、$CH_2$、$CH_3$、$CH_4$、$CH_5$、$CH_7$ 分别为 MODIS 上述各通道的反照率％）。

采用线性经验公式拟合 SHI 与 P_{ATI} 之间的关系，再进行农业旱情分级和评价。

五、农业旱情分级和数据验证

1. 农业旱情分级　依据土壤相对湿度指数 SHI（SHI＝土壤湿度/田间持水量）来划分农业旱情等级，即：＜40％为重旱；40％～50％为中旱；50％～60％ 为轻旱；60％～80％为正常；＞80％为湿润。

2. 数据验证　全国不同季节、不同地区应采用不同的墒情分级指标，才更为准确与切合实际。数据验证程序如下：

（1）收集每月逐旬全国土壤墒情监测基本站土壤含水率，该数据共分为土壤表面 0cm、10cm、20cm、40cm、70cm 深度土壤墒情信息。

（2）在考虑作物区域的基础上，依据 SHI 划分实时监测的土壤墒情等级。

（3）将遥感监测结果与地面监测结果进行比较，依据分级结果最大匹配的统计原则划分农业旱情遥感监测指数分级域值，从而起到精度校验与结果校正的双重目的。

（4）利用遥感监测指数分级结果作出区域旱情评价。

六、编写监测报告

全国农业旱情遥感监测评价报告的主要内容包含全国总体及分区域农业旱情评价，遇到严重旱灾或涝灾时，须对灾害进行评估。

七、成果上报

1. 上报内容和格式　成果上报内容如下：

（1）监测报告　文件名称"xxxx 年 xx 月 xx 日农业旱情 . doc"。

（2）空间分布图　空间分布图以两种形式保存。

①. tif 格式保存。图像分辨率 300dpi，模板文件："土壤墒情空间图 . tif"。文件名称"xxxx 年 xx 月 xx 日土壤墒情 . tif"。

②. ppt 格式保存。页面设置 25.4cm×19.05cm，图中各要素的位置、大小、字体、颜色等必须与模板文件中的完全一致，模板文件："土壤墒情空间分布 . ppt"。文件名称"xxxx 年 xx 月 xx 日土壤墒情 . ppt"。

（3）全国农业旱情分省和分区域结果报表。

（4）数据　①保留原始植被供水指数（$VSWI$）、土壤表观热惯量指数（P_{ATI}）影像，数据格式为 ERDAS 的 ＊. img，文件名称 vwsiyymmdd. img，其中，$VWSI$ 为固定参数，yymmdd 为相应的年月日，为产品上报时间。②全国农业旱情评价影像，数据格式为 ARC/INFO 的 grid 格式，或为 ERDAS 的 ＊. img。影像像元大小：1000m×1000m。

（5）说明文件　说明文件包括各区域农业旱情分级参数；数据覆盖时间段；各区域灾情描述；其他说明。文件名称 readmeyymmdd. doc，其中，readme 为固定参数，yymmdd 为相应的年月日，为产品上报时间。

2. 上报时间　全国农业旱情遥感监测结果按照如下时间上报上级主管部门。

2 月 22 日、3 月 08 日、3 月 22 日、4 月 5 日、4 月 19 日、5 月 10 日、5 月 24 日、6 月 7 日、6 月 21 日、7 月 5 日、7 月 19 日、8 月 2 日、8 月 16 日、8 月 30 日、9 月 13 日、9 月 27 日、10 月 11 日、10 月 25 日、11 月 8 日、11 月 22 日、12 月 6 日、12 月 20 日。

八、资料归档

1. 立卷归档　农业旱情遥感监测资料的使用具有延续性和长期性，有些资料还涉及保密和权属问题，所以对监测使用的数据、资料和所得到的结果，要按不同性质、内容及用途装订成册，立卷归档，专柜存放，专人保管。

2. 归档范围　需要归档的资料包括：

（1）MODIS 数据资料、卫片。

（2）地形图。

（3）野外调查原始记录，包括调查表格、文字记录、照片、录音带、录像带等。

（4）监测结果，包括监测报告、监测的数据文件（ARC/INFO e00 文件和数据库文件等）以及其他中间结果等。

（5）会议材料，包括各种会议的报告、典型发言、会议纪要、简报等。

（6）相关信息资料，包括当地有关新闻报道、产业政策、灾情报告、统计资料等。

第七节　国家级农情遥感监测和信息服务系统管理规范

一、范围

本部分规定了国家级农情遥感监测和信息服务系统的运行管理、更新维护和安全保密要求。本部分可用于"国家级农情遥感监测和信息服务系统"项目，其他相关应用可参照使用。

二、总则

（1）国家级农情遥感监测和信息服务系统由农业遥感应用中心负责组织协调系统运行管理、更新维护和数据安全保密工作。

（2）系统运行管理、更新维护和数据安全保密工作，应当遵循统一领导、统筹规划、强化管理和全面防范的原则。

（3）系统运行管理包括对系统运行管理要求以及系统操作人员要求；更新维护是指对系统和数据的更新维护管理要求；安全保密是指对系统操作和数据的安全保密要求。

三、运行管理要求

1. 系统运行管理要求

（1）系统运行管理由农业遥感应用中心系统管理员负责，其他人员无权启动或关闭系统。

（2）负责系统运行的管理员要明确分工，落实责任。

（3）管理人员必须严守操作规程，密切注视系统运行情况，发现问题及时上报；同时，在征得领导同意后，迅速果断地采取相应的措施。如硬件故障，则通知硬件维护人员，并与其相配合做好故障处理工作。

（4）系统必须安装具有实时监控功能的防病毒软件并及时升级。

2. 系统操作人员要求

（1）具有一定的计算机专业技术知识。

（2）遵守国家法律法规，无违法犯罪记录。

（3）基本掌握国家信息安全方面的法律法规和有关政策。

四、更新维护要求

（1）系统运行设备的维护和管理由管理员负责。

（2）管理员每月最后一天为系统维护时间，维护内容包括系统软件备份、应用数据备份等。

（3）管理员对计算机设备、服务器要定期对其操作系统和文件进行检查，经常查杀病毒，保障设备正常运行。

（4）非专业维护人员严禁拆卸计算机上任何部件。

五、安全保密要求

1. 系统安全维护要求

（1）系统操作员不得泄漏操作程序或登录信息等相关设备和软件的信息。

（2）系统文档和数据应存储在专用服务器或计算机上，由专人严格管理，不得随意修改、删除和打印。

（3）任何个人不得从事下列危害系统安全的活动：①未经允许，进入系统或使用系统资源；②未经允许，对系统功能进行删除、修改或者增加；③未经允许，对系统中存储、处理或者传输的数据或应用程序进行删除、修改或者增加；④故意制作、传播计算机病毒等破坏性程序；⑤任意方式对数据的恶意操作，比如篡改、删除、转移等。

2. 数据保密要求

（1）根据《中华人民共和国保守国家秘密法》规定，国家秘密的密级分为"绝密"、"机密"、"秘密"三个等级。"绝密"是最重要的国家秘密，泄露会使国家的安全和利益遭受非常严重的损害；"机密"是重要的国家秘密，泄露会使国家的安全和利益遭受严重的损害；"秘密"是一般的国家秘密，泄露会使国家的安全和利益遭受损害。同时单位的工作秘密、单位的敏感信息也会造成不同程度的影响和损害。综合以上方面，结合国家级农情遥感监测和信息服务系统的实际情况，将信息密级进行分级（表2-64）。

表 2-64　信息密级分级

级别	信息密级
1级	监测结果数据，包括监测报告、数据、野外调查原始记录、电子地形图
2级	遥感影像、监测中间结果、土地和土壤等相关基础信息
3级	会议材料

（2）对于表2-64中的1级数据资料的使用、复制、保存、销毁、传输、处理，需由确定密级的上级机关批准。收发、传递和外出携带，由指定人员担任，并采取必要的安全措施，数据资料应在设备完善的保险装置中保存，不准私自泄露任何数据。

（3）对于表2-64中的2级数据资料可以在项目组内使用、复制、保存、传输、处理，但需由主管人员的批准。

（4）对于表2-64中的3级数据资料可以公开。

（5）发生失密、泄密和档案被盗事件时，要立即报告主管领导、保密或保卫部门，当事者要写出书面报告。对违反保密规定、造成失泄密和被盗密者，应按其性质及情节给予严肃处理。

第八节　国家级农情遥感监测结果汇交和发布规范

一、范围

本部分规定了国家级农情遥感监测和信息服务系统的监测结果汇交和信息发布的要求。

本部分可用于"国家级农情遥感监测和信息服务系统"项目，其他相关应用可参照使用。

二、监测结果汇交和发布时间规定

1. 冬小麦　全年监测冬小麦面积 2 次、长势 7 次、单产 3 次、总产 1 次。监测结果汇交和发布时间如表 2-65 所示。

表 2-65　冬小麦遥感监测信息汇交和发布时间

监测内容	序号	监测结果汇交时间	监测结果发布时间
长势	1	12 月 6 日	12 月 8 日
	2	12 月 20 日	12 月 22 日
	3	3 月 8 日	3 月 10 日
	4	3 月 22 日	3 月 24 日
	5	4 月 5 日	4 月 7 日
	6	4 月 19 日	4 月 21 日
	7	5 月 10 日	5 月 12 日
单产	1	3 月 16 日	3 月 24 日
	2	4 月 13 日	4 月 21 日
	3	5 月 18 日	5 月 26 日
面积	1	12 月 22 日	12 月 28 日
	2	4 月 7 日	4 月 15 日
总产	1	6 月 8 日	6 月 15 日

2. 夏玉米　全年监测夏玉米面积 2 次、长势 6 次、单产 3 次、总产 1 次。监测结果汇交和发布时间如表 2-66 所示。

表 2-66　夏玉米遥感监测信息汇交和发布时间

监测内容	序号	监测结果汇交时间	监测结果发布时间
长势	1	7 月 5 日	7 月 7 日
	2	7 月 19 日	7 月 21 日
	3	8 月 2 日	8 月 4 日
	4	8 月 16 日	8 月 18 日
	5	8 月 30 日	9 月 1 日
	6	9 月 13 日	9 月 15 日

（续）

监测内容	序号	监测结果汇交时间	监测结果发布时间
单产	1	8月11日	8月18日
	2	9月8日	9月15日
	3	10月10日	10月14日
面积	1	9月21日	9月29日
	2	10月10日	10月14日
总产	1	10月12日	10月19日

3. 水稻　全年监测水稻面积 3 次、单产 3 次、总产 1 次。监测结果汇交和发布时间如表 2 - 67 所示。

表 2 - 67　水稻遥感监测信息汇交和发布时间

监测内容	序号	监测结果汇交时间	监测结果发布时间
单产	1	7月14日	7月22日
	2	8月11日	8月19日
	3	9月15日	9月23日
面积	1	6月22日	6月30日
	2	8月24日	8月31日
	3	9月15日	9月23日
总产	1	9月22日	9月30日

4. 大豆　全年监测大豆面积 1 次、单产 3 次、总产 1 次。监测结果汇交和发布时间如表 2 - 68 所示。

表 2 - 68　大豆遥感监测信息汇交和发布时间

监测内容	序号	监测结果汇交时间	监测结果发布时间
单产	1	7月7日	7月15日
	2	8月11日	8月19日
	3	9月8日	9月16日
面积	1	9月15日	9月23日
总产	1	9月22日	9月30日

5. 棉花　全年监测棉花面积 1 次。监测结果汇交和发布时间如表 2 - 69 所示。

表 2 - 69　棉花遥感监测信息汇交和发布时间

监测内容	序号	监测结果汇交时间	监测结果发布时间
面积	1	10月10日	10月14日

6. 土壤墒情　全年监测土壤墒情共 22 次，监测结果汇交和发布时间如表 2 - 70 所示。

表 2-70 全国土壤墒情遥感监测汇交和发布时间

序号	监测结果汇交时间	监测结果发布时间
1	2 月 22 日	2 月 24 日
2	3 月 8 日	3 月 10 日
3	3 月 22 日	3 月 24 日
4	4 月 5 日	4 月 7 日
5	4 月 19 日	4 月 21 日
6	5 月 10 日	5 月 12 日
7	5 月 24 日	5 月 26 日
8	6 月 7 日	6 月 9 日
9	6 月 21 日	6 月 23 日
10	7 月 5 日	7 月 7 日
11	7 月 19 日	7 月 21 日
12	8 月 2 日	8 月 4 日
13	8 月 16 日	8 月 18 日
14	8 月 30 日	9 月 1 日
15	9 月 13 日	9 月 15 日
16	9 月 27 日	9 月 29 日
17	10 月 11 日	10 月 13 日
18	10 月 25 日	10 月 27 日
19	11 月 8 日	11 月 10 日
20	11 月 22 日	11 月 24 日
21	12 月 6 日	12 月 8 日
22	12 月 20 日	12 月 22 日

三、监测结果汇交内容和质量检查规定

1. 监测结果汇交内容 监测结果的汇交内容包括:

(1) 监测内容遥感解译图。

(2) 监测内容最终结果数据。

(3) 监测结果报告。

2. 成果检查和验收

(1) 自检 为保证农情遥感监测结果质量,每个阶段或重要技术环节完成后必须认真检查。项目承担单位应建立作业人员和技术人员之间的自检、互检以及审校人员的审核等检查制度。

(2) 预检和验收 承担单位提交预检申请,组织单位和汇总单位对有关承担单位的监测工作进行检查和验收。预检和验收的内容参见(4)。

(3) 检查验收评价 组织单位对监测结果进行定性评价。

(4) 定性评价内容 ①技术路线是否正确,技术方法是否科学,工艺流程是否合理(10

分）。②成果资料是否齐全（15 分）。③各种外业调查表、统计表、汇总表等填写是否认真，项目内容是否准确、易读，表格是否整洁、完善（10 分）。④监测数据是否正确，有无遗漏（15 分）。⑤图件整饰是否准确、清晰（10 分）。⑥数据库建设是否符合规程要求（20 分）。⑦文字报告是否结构合理、逻辑清晰、简洁明了、通顺流畅，数据引用是否正确（15 分）。⑧成果资料整理、装订是否规范、易检索（5 分）。

（5）定性评价方法与要求　①技术路线不正确或技术方法不当致使结果失实的，必须令其返工，按正确方法重新进行更新调查工作。②提交检查验收的成果资料。③图件整饰方面，必须要求画线着墨符合规范，图上内容正确，标注齐全规范，字迹清晰，图面整洁。④各种表格齐全且符合要求，填写项目无遗漏，数据计算准确。⑤对所有成果按要求立卷归档，并建立索引。⑥技术报告力求结构合理，论述简洁明了。

（6）评价等级　监测结果检查验收评价时，采取优秀、良好、合格和不合格 4 个等级。并填入定性评价等级计算表（表 2 - 71）。

　优秀：总合格率≥95％；

　良好：总合格率＜95％且≥90％；

　合格：总合格率＜90％且≥85％；

　不合格：总合格率＜85％。

表 2 - 71　定性评价等级计算表

被检查单位：　　　　　　　　　　　　检查单位：

序号	检查内容	满分	得分	定性评价等级
1	技术路线正确，技术方法先进，工艺流程合理	10		
2	成果资料齐全，符合规定要求	15		
3	各种外业表格填写工整，数据准确	10		
4	监测结果准确，无遗漏	15		
5	各类图件整饰精细	10		
6	数据库建设	20		
7	文字报告结构合理，论述简洁明了，通顺流畅，数据引用正确	15		
8	成果资料整理、装订规范	5		
	合计	100		

检查人：　　　　　　　　　检查日期：

（7）检查验收报告　监测结果检查验收工作结束后，检查验收组织要写出书面检查验收报告，主要内容包括：①基本情况，包括被检查验收单位，检查验收的组织形式、时间安排、参加人数，检查验收的内容、工作量，检查验收的方法和人员组成。②检查验收的结果，包括每道工序和每项工作的检查结果，更新调查成果的总体评价意见和建议。③存在问题及处理结果。

检查验收报告一式两份，承担单位和组织单位各留一份存档。

（8）监测成果经过预检和验收程序，结果合格后于规定时间报送上级主管部门，填写接收人员签收表（表 2 - 72）。

表 2 - 72　监测结果汇交表

监测名称	汇交时间	验收人	送报人	签收

四、信息发布规定

（1）应建立和完善遥感监测结果分析专家会议制度，定期组织有关部门负责人和专家进行农情遥感监测结果会商，引导对农情形势的正确舆论导向。

（2）建立健全与上级主管部门互联互通的技术、制度等相关保障措施，定期向上级主管部门报送农情遥感监测报告和数据。

（3）通过网络、报纸、杂志、广播等媒介，将一些基本的农情信息向社会发布。

第三章
国家级农业资源与区划数据库建设及共享标准与规范

3

从 1979 年开始，我国进行了覆盖全国（除台湾、香港、澳门）所有县级行政区域的农业资源调查与区划工作，积累了大量的信息资源，不仅对农业生产管理与决策、农业和农村的可持续发展做出了重要贡献，还服务于林业、水利、环保、经济等其他部门与行业的生产和科研，产生了巨大的经济效益与社会效益。同时我国还进行了历时 14 年的全国土地资源详查，全国范围的草地资源调查、植被调查、土壤普查、农业普查、林业调查、地质调查等已经完成，气象和水文观测也为农业生产管理提供大量数据信息。另外，遥感对地观测每天都产生大量可用于生产管理的信息。但是，由于当时技术条件的限制，全国农业资源与区划资料信息是以纸介的图书、报告和图件的形式保存，该保存形式，不便于信息检索、信息更新、信息共享。因此利用先进的信息管理、存贮与分析技术对数据量巨大、内容丰富的全国农业资源与区划信息资源进行高效管理，并实现信息共享，发挥更大的经济效益和社会效益，是当前面临的急迫任务。

地理信息系统、遥感、全球定位系统、计算机、互联网、多媒体等技术的发展，对于这个问题的解决提供了较好的硬件环境。采用现代科学技术，建立全国农业资源与区划数据库，通过农业资源与区划资料的数字化、信息共享与数据更新，为与农业、资源环境学科及其他学科的科研工作提供基础性资料。但是如何按照统一的要求进行全国农业资源与区划数据库建设和网络平台建设，是本系列标准所要明确的内容。

第一节 国家级农业资源与区划数据库分类编码体系

一、范围

本部分提出了国家级农业资源与区划数据库分类编码体系，包括数据库分类编码、农业资源与区划区域分类编码。

本部分适用于"国家级农业资源与区划数据库建设及共享"项目的数据建库、数据交换和共享，其他相关应用可参照使用。

二、规范性引用文件

下列文件对于本文件的应用是必不可少的。凡是注日期的引用文件，仅注日期的版本适用于本文件。凡是不注日期的引用文件，其最新版本（包括所有的修改单）适用于本文件。

　　GB/T 2260—2007　中华人民共和国行政区划代码

　　GB/T 2659—2000　世界各国和地区名称代码

三、术语和定义

下列术语和定义适用于本部分。

1. 信息　information

信息是反映客观世界事物情况、运动、发展、变化的有关表征、消息或知识。信息的产生和使用往往都存在着收集、处理、贮存、转换、传递、加密、解密等过程。从其表现形式可以有文字的、数字的、图形的、图像的、声音的、符号的等；从其内容分可以是消息的、数值的、知识的、模型的、方法的等。

2. 数据　data

信息来自数据，数据构成信息。数字、文字、图形、符号、影像等都是数据。数据是客观事物的表示，是信息的载体。而信息则是数据内涵的意义，是数据的内容和解释。

3. 农业资源与区划数据　data of agriculture resources and regional planning

指在农业资源与农业区划工作中产生的原始性、基础性数据以及按照不同需求系统加工整理的各类数据集。主要通过科技工作者所开展的研究活动、观测、地面监测站（点）、自下而上的统计、各种实验、宇宙空间的探测、从若干相关数据资源中整理选择等手段和方法来获取。

四、国家级农业资源与区划数据库分类和编码

1. 数据库分类原则　"国家级农业资源与区划数据库建设及共享"项目的重点任务之一是全国农业资源与区划数据的广泛收集、整理入库和保存。数据库建设的三大目标是建立农业资源区划电子图书馆；建立农业资源区划数据仓库；建立基于空间信息系统基础上的农业资源区划管理信息系统。国家级农业资源与区划数据库分类原则如下：

（1）类间差异性与同类一致性原则　类间差异性与同类一致性原则是农业资源与区划数据库分类的总原则。农业资源与区划数据库分类的目的，一是通过类型划分，认识农业区划"存在"的规律，把不同性质的农业资源与区划数据归档、分类、保存，有利于数据的高效查找和使用，为农业资源分类评价、保护和开发利用提供依据，因此所划分的类型必须存在明显的类间差异性；二是通过类型划分，把 A 地收集到的农业信息用于 B 地的农业资源合理利用和保护规划，使各个地区同一种农业资源与区划数据有统一的展现形式，便于归类，因此要求所划分的农业资源与区划数据在内部必须是一致的。农业资源与区划数据主要是根据类间差异性和同类一致性两个原则进行分类，类间差异性和同类一致性都是相对的，受农业资源与区划数据的层次性、空间尺度和时间尺度的制约。

（2）主导因素原则　在对农业资源与区划数据各组成要素进行综合分析的前提下，需要考虑在特定条件下某要素所起的主导作用。采取主导因素原则，不但突出了农业资源与区划数据的主导分异因素，正确把握数据的类间差异性和同类一致性，而且可大大减少分类工作量。

（3）共轭性原则　一是分类对象必须是完整的个体，如完整的农业生产分区、农业自然区域或气候资源、水资源、生物资源、土地资源等完整的资源类别，同时又必须是多因素的

综合体；二是在上下等级归类中，同一类型不能同时归入两个上一级类型；三是不存在分类方案所不能包容的多余内容或空白区域，不存在不能被上一级分类所不能包容多余内容或空白区域。

（4）实用性原则　农业资源与区划数据分类具有鲜明的实践性，即为农业资源的合理利用和保护服务。在进行数据分类时，在确保分类方案的系统性和科学性的基础上，应尽量考虑到服务的目标。农业资源的服务目标很多，但必须采用那些与大多数的服务目标有密切联系的性质去划分类型。在服务目标定位上，要充分考虑国家的某些重大决定以及未来一段时期内社会、经济、生态建设的总体要求，使分类方案具有较强的针对性，便于发挥农业资源与区划数据分类的决策支持作用。因此分类方法简便易行，便于非专业人员使用，同时代表性强、数据可得。

（5）一致性原则　国家级农业资源与区划数据库建设属于农业科学数据共享工程之一，其数据库大类分类编码要与农业科学数据库分类编码一致，在此基础上进行更详细的分级。

2. 数据库分类和编码　按照数据库分类原则，国家级农业资源与区划数据库分类参见表3-1，数据库包括的内容解释参见表3-2，数据库分类编码如图3-1所示。

表3-1　全国农业资源与区划数据库分类编码

学科分类代码	学科分类名称	主体数据库代码	主体数据库名称	专业数据库代码	专业数据库名称
08	农业区划	0801	农业区划数据库	080101	综合农业区划数据库
				080102	农业自然区划数据库
				080103	农业技术措施区划数据库
				080104	农业部门区划数据库
				080105	农村经济区划数据库
				080106	其他专题区划数据库
				080107	农业区划理论与方法信息数据库
				080108	其他农业区划信息数据库
		0802	农业资源调查与评价数据库	080201	基础地理信息数据库
				080202	水资源数据库
				080203	气候资源数据库
				080204	生物资源数据库
				080205	土壤资源数据库
				080206	农村能源数据库
				080207	农业资源退化与生态建设数据库
				080208	农业环境治理与保护数据库
				080209	农业资源调查与评价理论与方法信息数据库
				080210	其他农业资源调查与评价信息数据库

（续）

学科分类代码	学科分类名称	主体数据库代码	主体数据库名称	专业数据库代码	专业数据库名称
08	农业区划			080301	耕地利用数据库
				080302	园地利用数据库
				080303	林地利用数据库
				080304	牧草地利用数据库
		0803	农业土地利用数据库	080305	水域用地数据库
				080306	未利用地数据库
				080307	后备农业土地利用资源数据库
				080308	土地利用理论与方法信息数据库
				080309	其他土地利用信息数据库
				080401	农业区域发展政策法规数据库
				080402	农业区域开发与规划数据库
		0804	农业区域规划与生产布局数据库	080403	农业与农村发展战略数据库
				080404	农业生产及农产品布局数据库
				080405	其他农业区域规划与生产布局信息数据库
				080501	卫星遥感影像数据库
				080502	农作物遥感监测数据库
				080503	作物光谱观测数据库
		0805	农业遥感监测数据库	080504	农业资源监测数据库
				080505	农业灾害监测数据库
				080506	农业遥感技术与方法信息数据库
				080507	其他农业遥感监测信息数据库

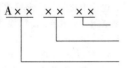

图 3-1

表 3-2　全国农业资源与区划专业数据库说明

专业数据库代码	专业数据库名称	专业数据库所涵盖的内容
080101	综合农业区划数据库	包括全国、省级、地区和县级综合农业区划
080102	农业自然区划数据库	包括地貌、农业气候、土壤、植被、水文、地质、自然保护区等自然区划以及综合农业自然区划
080103	农业技术措施区划数据库	包括农业机械、肥料、土壤改良、农业水利、喷灌、农作物品种、动植物保护、农业小水电、农村能源、水土保持、农田建设区划等

（续）

专业数据库代码	专业数据库名称	专业数据库所涵盖的内容
080104	农业部门区划数据库	包括种植业、林业、畜牧业、水产渔业、工副业、城镇建设、乡镇企业、生态、耕作制度、多种经营、特产、交通运输等区划
080105	农村经济区划数据库	指地区的农业经济条件、农业经济调查、农经结构和农业经济发展水平，包括人口区划、农业教育区划、农业经济区划、旅游区划等
080106	其他专题区划数据库	指不包含在以上数据库中的其他专题区划数据，如物流区划、功能区划和带有自然和人文双重属性的农业土地利用区划
080107	农业区划理论与方法信息数据库	关于农业区划理论、方法或评述的数据如区划论等
080108	其他农业区划信息数据库	指农业区划成果应用数据，属于农业区划数据范畴，但无法归并到以上专业数据库中的信息，如农业区划会议的会议记录、历史文献、政府官员关于农业区划的讲话或报告等
080201	基础地理信息数据库	关于农业资源调查与评价所使用的基础地理信息（遥感信息除外），还包括 GIS 软件和 GPS 仪器所制作的中间和终端结果如栅格和矢量图层、GPS 定位数据以及 DEM 数据等
080202	水资源数据库	包括农业水资源调查和评价、水资源利用（农业用水）、水量平衡、流域（水系、河川径流和河流输沙）、农田水利、水志和其他有关农业水资源调查与评价信息
080203	气候资源数据库	包括光资源、热量资源、水分资源、风能资源、云雾对农业影响的信息，农业气候资源及其评定信息，农田小气候、作物与气候适宜性信息、气候志和其他有关农业气候调查与评价信息
080204	生物资源数据库	包括种植业品种资源、林业品种资源、畜牧业资源、渔业品种资源、生物志和其他有关生物资源调查与评价信息等
080205	土壤资源数据库	包括土壤类型、土壤改良、土壤肥力、土壤水分、土壤图、土壤志、土壤地理信息和其他有关土壤调查与评价信息
080206	农村能源数据库	包括农村所用能源种类、能源数量、能源结构和其他有关农村能源调查与评价信息
080207	农业资源退化与生态建设数据库	包括水土流失、土地荒漠化、草地退化、农田盐碱化、水系污染、渔业污染、农田污染、农产品污染和生态农业建设、林业生态建设以及其他有关农业资源退化与生态建设调查与评价信息
080208	农业环境治理与保护数据库	包括退耕还林还湖还草、草地保护与建设、水土保持、沙漠化治理、生物多样性保护以及其他有关农业环境治理与保护调查与评价信息
080209	农业资源调查与评价理论与方法信息数据库	关于农业资源调查与评价理论与方法的文档、表格、图形、音像、图像视频等信息以及关于农业资源调查与评价理论与方法的评价与讨论信息
080210	其他农业资源调查与评价信息数据库	属于农业资源调查与评价数据库范畴，但无法归并到以上专业数据库中的信息，如农业地理综述、矿产资源等

（续）

专业数据库代码	专业数据库名称	专业数据库所涵盖的内容
080301	耕地利用数据库	包括灌溉水田、望天田、水浇地、旱地、菜地，中低产田改良以及其他有关耕地利用的调查与评价信息
080302	园地利用数据库	包括果园、桑园、茶园、橡胶园和其他园地以及其他有关园地利用的调查与评价信息
080303	林地利用数据库	包括有林地、灌木林地、疏林地、未成林造林地、迹地、苗圃等以及其他有关林地调查与评价信息
080304	牧草地利用数据库	包括天然草地、改良草地、人工草地以及其他有关牧草利用调查与评价的信息
080305	水域利用数据库	包括河流、湖泊、水库等以及其他有关水域资源调查与评价信息
080306	未利用地数据库	包括荒草地、盐碱地、沼泽地、沙地、裸土地、裸岩石砾地等以及其他与未利用地相关的信息
080307	后备农业土地利用资源数据库	包括后备农业土地利用资源的调查与评价相关信息，如四低四荒资源调查
080308	土地利用理论与方法信息数据库	包括与土地利用理论与方法相关的信息，如杜能的农业区位论等
080309	其他土地利用信息数据库	属于农业土地利用数据库范畴，但无法归并到以上专业数据库中的信息，如土地资源综合评价、土地利用规划
080401	农业区域发展政策法规数据库	包括与农业有关的政策、法律、条文、文件和规章制度以及其他相关信息
080402	农业区域开发与规划数据库	包括农业资源开发、农业区域规划、农村乡镇规划，乡村各类型绿地规划、水利水电规划、国土整治等以及其他有关农业区域开发与规划信息
080403	农业与农村发展战略数据库	包括各级政府对农业与农村发展战略发布的文件、报告，科研人员关于农业与农村战略发表的文章、形成的书面材料，农业现代化综述以及其他与农业与农村发展战略相关信息
080404	农业生产及农产品布局数据库	包括农业生产各个环节的数量、质量、联动和相关信息，农产品布局规划、农业商品基地建设、水产养殖、化肥生产以及其他有关农业生产及农产品布局信息
080405	其他农业区域规划与生产布局信息数据库	属于农业生产及农产品布局数据库范畴，但无法归并到以上专业数据库中的信息，如国外农业，农业管理、农业系统工程、工业管理、科技、经济、财政等
080501	卫星遥感影像数据库	包括各种卫星传感器原始影像及处理后的影像
080502	农作物遥感监测数据库	包括在各种农作物遥感监测过程中所获取的关于农作物生长状况的数据、农作物估产的数据，遥感影像经处理后得到的中间结果和终端结果（如 NDVI 影像）以及其他有关农作物遥感监测信息
080503	作物光谱观测数据库	包括测得的各种作物的光谱数据、每种作物的光谱特征以及其他有关作物光谱观测的信息
080504	农业资源监测数据库	包括农业资源质量和数量的监测信息，以农业资源监测为目的经处理后得到的遥感影像的中间结果和终端结果以及其他有关农业资源监测的信息

（续）

专业数据库代码	专业数据库名称	专业数据库所涵盖的内容
080505	农业灾害监测数据库	包括各种作物旱灾、水灾、虫灾、鼠灾、冻灾和其他灾害监测与预警信息，草原和森林火灾监测和预警信息，流域的洪灾，以农业灾害监测为目的经处理后得到的遥感影像的中间结果和终端结果以及其他有关农业灾害监测的信息
080506	农业遥感技术与方法信息数据库	包括关于遥感技术和方法的各种承载形式的信息以及其他与遥感技术与方法有关的信息
080507	其他农业遥感监测信息数据库	属于农业遥感监测数据库范畴，但无法归并到以上专业数据库中的信息

五、全国农业资源与区划区域分类和编码

1. 概述　全国农业资源与区划信息涉及的研究区域范围可以分为三大类：行政区、自然区、经济区。全国行政分区的最小单元为县级，同时农业资源与区划研究范围还涉及国外，其最小单元为国家或地区的省级；自然区主要是按照流域进行分类；经济区的分类主要包括综合农业区划分区、东中西分区、农牧分区、沿海三大经济区。

2. 行政区分类编码　全国农业资源与区划的行政分区代码直接引用 GB/T 2260—2007，用 6 位数字码表示，编码区间从 110000～999999。

为保证与全国行政分区代码长度的一致性，农业资源与区划国际行政区代码也用 6 位数字码表示，编码区间从 010010～099900，编码结构如图 3 - 2 所示。

表 3 - 3　国际大洲代码

国际大洲	代码
非洲	01
欧洲	02
北美洲	03
中美洲	04
南美洲	05
亚洲	06
大洋洲	07

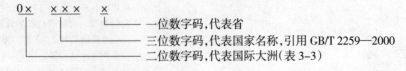

图 3 - 2

3. 经济区分类编码　农业综合经济区的分类参考了全国农业区划委员会《中国综合农业区划》的分区方案；东、中、西部分区参考了国家西部开发办公室以省为单元的东、中、西分区方案；农牧分区参考了全国农业区划委员会农区、半农半牧区、牧区以县为单元分区

方案；沿海三大经济区划分参考了原国家计委综合经济区划。经济区分类编码表参见表 3-4，经济区编码区间从 101000～107999，编码结构如图 3-3 所示。

表 3-4 全国农业资源与区划经济区分类代码

综合经济区划类型	大区	代码	亚区	代码
农业综合区划	东北区	101100	兴安岭林区	101101
			嫩江三江平原农业区	101102
			长白山地农林区	101103
			辽宁平原丘陵农林区	101104
	内蒙古及长城沿线区	101200	内蒙古北部牧区	101201
			内蒙古中南部牧农区	101202
			长城沿线农牧区	101203
	黄淮海区	101300	燕山太行山山麓平原农业区	121301
			冀鲁豫低洼平原农业区	121302
			黄淮平原农业区	121303
			山东丘陵农林区	121304
	黄土高原区	101400	晋东豫西丘陵山地农林牧区	101401
			汾渭谷地农业区	101402
			晋陕甘黄土丘陵沟壑牧林农区	101403
			陇中青东丘陵农牧区	101404
	长江中下游区	101500	长江下游平原丘陵农畜水产区	101501
			豫皖鄂平原丘陵山地农林区	101502
			长江中游平原农业水产区	101503
			江南丘陵山地农林区	101504
			浙闽丘陵山地林农区	101505
			南岭丘陵山地林农区	101506
	西南区	101600	秦岭大巴山林农区	101601
			四川盆地农林区	101602
			武陵山林农牧区	101603
			黔桂高原山地农牧区	101604
			川滇高原山地农林牧区	101605
	华南区	101700	闽南粤中农林水产区	101701
			粤西桂南农林区	101702
			滇南农林区	101703
			琼雷南海诸岛农林水产区	101704
			台湾农林区	101705

（续）

综合经济 区划类型	大区	代码	亚区	代码
农业综合 区划	甘新区	101800	蒙宁甘农牧区	101801
			北疆农牧林区	101802
			南疆农牧区	101803
	青藏高原区	101900	藏南农牧区	101901
			川藏林农牧区	101902
			青甘牧农区	101903
			青藏高原牧区	101904
	中国海洋	102000	南海	102001
			东海	102002
			黄海	102003
			渤海	102004
东中西分区	东部地区	103100		
	中部地区	103200		
	西部地区	103300		
农牧分区	牧区	104100		
	半农半牧区	104200		
	农区	104300		
沿海三大经济区	长江三角洲经济区	105100		
	环渤海经济区	105200		
	南部沿海经济区	105300		

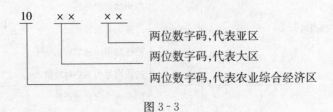

图 3-3

4. 流域分区分类编码　全国农业资源与区划流域分区方案参考了原水利电力部《中国水资源评价》的分区方案（表 3-5），采用 6 位数字码表示，编码区间从 108000～109999，编码结构如图 3-4 所示。

表 3-5　全国农业资源与区划流域分区代码

Ⅰ级流域	代码	Ⅱ级流域	代码
黑龙江流域	108100	额尔古纳河	108101
		嫩江	108102
		第二松花江	108103
		黑龙江三岔河以下	108104
		黑龙江干流区间	108105
		乌苏里江（含绥芬河）	108106
辽河流域	108200	辽河	108201
		鸭绿江	108202
		图们江	108203
		辽宁沿海诸河	108204
海滦河流域	108300	滦河（含冀东沿海诸河）	108301
		海河北系	108302
		海河南系	108303
		徒骇、马颊河	108304
黄河流域	108400	湟水	108401
		洮河	108402
		兰州以上干流区间	108403
		兰州至河口镇	108404
		河口镇至龙门	108405
		汾河	108406
		泾河	108407
		洛河	108408
		渭河	108409
		龙门至三门峡干流区间	108410
		伊洛河	108411
		沁河	108412
		三门峡至花园口干流区间	108413
		黄河下游	108414
		鄂尔多斯内流区	108420
淮河流域	108500	淮河上中游	108501
		淮河下游	108502
		沂沭泗河	108503
		山东沿海诸河	108504

（续）

Ⅰ级流域	代码	Ⅱ级流域	代码
长江流域	108600	金沙江	108601
		岷江	108602
		嘉陵江	108603
		乌江	108604
		长江上游干流区间	108605
		洞庭湖水系	108606
		汉江	108607
		鄱阳湖水系	108608
		长江中游干流区间	108609
		太湖水系	108610
		长江下游干流区间	108611
珠江流域	108700	南北盘江	108701
		红水河与柳黔江	108702
		左右郁江	108703
		西江下游	108704
		北江	108705
		东江	108706
		珠江三角洲	108707
		韩江	108708
		粤东沿海诸河	108709
		桂南粤西沿海诸河	108710
		海南岛与诸岛	108711
浙闽台诸河流域	108800	钱塘江（含浦阳江）	108801
		浙东诸河	108802
		浙南诸河	108803
		闽江	108804
		闽东南诸河	108805
		闽南诸河	108806
		台湾诸河	108807
西南诸河流域	108900	雅鲁藏布江	108901
		藏南诸河	108902
		藏西诸河	108903
		怒江	108904
		澜沧江	108905
		元江（含李仙江）	108906
		滇西诸河	108907

（续）

Ⅰ级流域	代码	Ⅱ级流域	代码
内陆河	109000	内蒙古内陆河	109001
		河西内陆河	109002
		内陆河	109003
		准噶尔内陆河	109004
		中亚细亚内陆河	109005
		塔里木内陆河	109006
		青海内陆河	109007
		羌塘内陆河	109008
额尔齐斯河	109100		

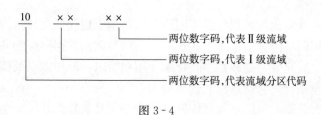

图 3-4

第二节　国家级农业资源与区划数据库建设与网络平台建设规范

一、范围

本部分明确了国家级农业资源与区划数据库建设的技术要求、数据库管理要求以及网络平台建设技术要求等。

本部分适用于"国家级农业资源与区划数据库建设及共享"项目的数据建库、数据管理和数据共享，其他相关应用可参照使用。

二、规范性引用文件

下列文件对于本文件的应用是必不可少的。凡是注日期的引用文件，仅注日期的版本适用于本文件。凡是不注日期的引用文件，其最新版本（包括所有的修改单）适用于本文件。

GB/T 9361—2011　计算机场地安全要求

农业科学数据共享项目总体组　农业科学数据共享分中心建设规范，2005

三、概述

"国家级农业资源与区划数据库建设与共享"项目包括农业资源与区划数据库建设和农业资源与区划数据网络平台建设。

1. 数据库建设原则　农业资源与区划数据库的建设内容包括：农业资源与区划数据资源数字化、数据存储、数据查询和数据管理。在总体上应遵循以下建设原则：

（1）规范性　农业资源与区划数据库必须遵循统一的标准和规范进行建设。

（2）实用性　应最大限度地满足农业资源与区划数据整合、查询和管理的需要，系统要求运行稳定、安全可靠。

（3）可扩展性　应充分考虑数据不断增加以及信息技术飞速发展的现状，确保系统具有持续长久的生命力。

2. 网络平台建设原则　农业资源与区划数据网络是国家农业科学数据中心的分中心网，也是多专业多学科交叉的综合信息网。网络平台建设应遵循以下原则：

（1）规范性　农业资源与区划网络共享平台必须遵循农业科学数据共享中心制定的统一标准和规范进行建设，包括数据交换标准、共享网络风格等，便于农业科学数据共享工程的整体管理和用户使用。

（2）实用性　针对我国农业生产管理的实际情况，能够满足当前我国农业资源与区划领域共享服务的需要，共享网络系统要求运行稳定、安全可靠，同时与主中心和其他分中心实现互联互通和协同工作。

（3）网络化　农业资源与区划数据库网络平台是基于现代信息技术的网络化信息共享与服务系统，必须采用因特网等信息技术实现农业资源与区划数据资源的共享与发布。

（4）可扩展性　应充分考虑数据不断增加、用户需求不断加深以及信息技术飞速发展的现状，确保网络共享系统具有持续长久的生命力。

（5）安全性　农业资源与区划数据库网络平台必须具备数据系统安全和访问安全的技术措施。

四、国家级农业资源与区划数据库建设要求

1. 数据库主要模块及其功能要求　根据农业资源与区划数据库内容特点和信息服务的需求，其主要功能模块应包括：系统管理、数据采集（包括编辑与修改）、数据更新、数据查询、数据分析和数据服务 6 个部分。各部分的功能要求如下：

（1）系统管理　系统管理模块主要是负责对农业资源与区划数据库系统的综合管理、系统安全、系统服务以及其他各模块的整合管理。系统管理模块应具备以下主要功能：①系统的用户管理，包括用户资料的建立、删除、属性修改和密码修改，系统应区别不同用户的权限，以保证系统安全。②数据字典管理，对录入系统的数据进行标准化规范化的统一管理，是数据库系统高效信息服务与共享的基础。③元数据管理，元数据是关于数据的数据，是数据库的重要组成部分，也是信息服务的重要补充和数据库系统的有效信息延伸。

（2）数据采集　数据采集是数据库系统建立的基本功能模块之一。数据采集模块负责农业资源与区划数据库系统的数据录入、编辑与修改等功能，应具备以下主要功能：①属性（表格数据）的录入与修改：支持各类统计或属性数据的手工录入。②文本数据的录入与修改。③图形数据的录入与修改，支持多样图形数据（主要是地图等）的数字化输入，包括人工数字化、扫描数字化、自动识别等。

（3）数据更新模块　支持对属性数据、空间数据、文本数据等各类信息的更新。该模块功能仅对具有数据操作权限的用户开放。

（4）数据查询模块　数据查询模块是农业资源与区划数据库系统的最重要的功能模块，是进行信息管理与信息服务的基础。该模块应具备以下主要功能：①支持对元数据库的灵活

多样的查询方式，包括单项条件或多项条件组合查询，按照区域查询、模糊查询等。②空间数据查询。以地图和行政区划为基准，对各空间数据集（图形、图像）以图形交互选择（点选、框选、多边形选）、条件选择、区域选择等方式进行查询，结果以图形高亮等方式给出，并有相应的选择输出方式。③属性（表格）数据的查询。支持对属性（表格）数据库的灵活多样的查询方式，包括单项或多项联合查询、区域查询、模糊查询等。④空间数据与属性数据的互查。以行政区划信息为纽带，实现空间信息与属性信息的互查，即可以给出图斑所在行政区内用户感兴趣的属性信息，也可根据属性条件，查询到行政区内的用户所关心的空间图层或图像的信息，并进行实时的显示。

（5）数据分析　农业资源与区划数据库系统是以数据查询和信息服务为主的信息系统，数据分析的功能要求不是很强，但为了更好地进行信息服务，应支持用户基本的数据分析功能。主要是对查询到的数据进行简单统计分析，如汇总、求均值、方差、最大值、最小值等。

（6）数据服务　农业资源与区划数据库系统的数据服务是指可以支持用户的数据检索查询以及可以以文本、表格、图形的方式进行数据输出。

2. 数据库建设软硬件要求

（1）系统软件　农业资源与区划数据库系统应采用大型适用的关系型数据库管理系统，如 Microsoft 的 SQL Server 2000；对于地理信息系统开发平台，建议优先采用支持 GIS 的关系型数据库平台，如 Arc/Info、ArcView、Titian GIS；操作系统采用 Windows Sever 作为服务器的操作系统，微机操作系统采用 Windows XP 或以上版本；系统开发采用 Microsoft Visual C++、Visual Basic 和 Borland Delphi 等混合编程的模式；数据录入软件包括方正文字自动识别系统、Microsoft Word、Excel、Adobe Photoshop 等；网页开发采用 Java、Frontpage 和 Dreamweaver 等。

（2）系统硬件　高性能服务器作为数据服务器和系统服务器；高性能微机作为数据采集、数据处理与系统开发的硬件平台；另外还需有大幅面彩色扫描仪、大幅面彩色喷墨打印机、彩色扫描仪、数码相机等作为外设，用于输入与输出；还需配备必要的海量数据存储设备。

3. 数据库管理系统集成要求　农业资源与区划数据库系统内容多样、数据容量巨大、系统结构复杂，为保证系统高效运行，实现各功能模块间的无缝连接，特规定系统集成要求。

（1）系统各功能模块必须采用统一的数据分类标准与代码系统，具体参见本章"国家级农业资源与区划数据库分类编码体系"部分。

（2）系统元数据必须采用统一的元数据分类与代码，用于数据的描述，实现数据交换的标准化。

（3）系统管理模块对用户属性的定义只能读取、应用和控制用户属性，而不能对用户属性进行修改。

（4）系统需要维护数据的完整性和一致性，严格遵守系统管理模块对数据类型、存取权限的定义，不可随意修改。

（5）所有模块应具有完整的开发文档与应用说明，包括接口与数据传递方法等的具体说明，并建议以实例形式加以说明。

（6）各模块所使用的开发环境、开发工具、数据格式等必须经项目总技术组的认定；各模块的界面风格应该统一，具体由各模块开发人员与项目总体组讨论决定。

4. 数据库管理要求　农业资源与区划数据库数据类型多样、数据容量巨大，数据的属性和产权性质不一，为保证数据共享与系统高效运行，应加强数据库及数据的管理，要求如下：

（1）建立农业资源与区划数据库系统数据工作组，负责指导与实施对数据库与数据的管理，指派专门的数据管理员具体实施对数据的操作与管理。

（2）建立数据生产组，负责本数据库的数据生产、数据更新以及针对订单的信息服务。

（3）所有入库数据必须达到数据生产的质量标准与规范的要求，质量不达标的数据坚决不准入库，保证入库数据的质量。

（4）所有入库数据必须具有相应的元数据信息，并符合元数据标准与规范。

（5）所有入库数据必须存储为系统标准格式。

（6）数据管理员负责对数据库系统的日常维护与管理，保证系统的正常运转与数据安全，负责对系统用户进行管理和监测，完成系统运行日志和阶段总结报告，发现问题应及时向数据工作组汇报。

（7）明确数据的保密等级、服务范围等属性，并在数据服务中严格执行。特殊情况，须向数据工作组提出书面申请，不可越权操作数据。

（8）系统用户应严格遵守数据管理规范，禁止越权操作数据或对系统进行恶意破坏，视情节轻重，给予警告、罚款、取消数据使用资格并注销系统账户等处罚措施。

五、国家级农业资源与区划数据网络平台建设要求

1. 网络平台主要功能　农业资源与区划数据网络平台总体上基于互联网实现数据共享与服务，包括用户注册、认证、数据目录、元数据查询、数据访问、专题服务等。网站风格要求与农业科学数据主中心保持一致，同时与主中心和其他分中心实现互联互通和协同工作。其主要功能如下。

（1）用户权限控制与用户信息跟踪　根据不同的用户类型，确定用户对网络数据库的操作权限，以保证系统运行的安全；对用户信息进行记录，以便进行跟踪。

（2）查询与检索功能　数据查询与检索主要是针对全国农业资源与区划数据库的元数据，查询与检索结果将显示为符合查询与检索条件的元数据信息。数据的详细内容可根据用户使用权限采用相应的格式进行浏览。

（3）数据服务　数据服务主要包括以下 2 种方式：①直接下载，此方式适用于非保密的公开数据信息，如元数据的查询结果和其他公开数据。②网上订购，用户以网页订单的方式提交数据申请，再由系统管理员和数据管理员按要求进行数据生产或数据分发。

（4）信息发布功能。

（5）数据更新维护功能。

2. 互联网接入环境要求

（1）链路和带宽　农业资源与区划数据网络平台必须具备用于数据共享服务的因特网链路，链路带宽应不低于 5Mbit/s。

（2）接入设备　数据共享平台的各局域网外网出口（即：互联网链路接入端）应该安装

已经过公安部认证的路由器、硬件防火墙等网络接入设备。

（3）互联协议　互联网接入采用 TCP/IP 协议。

（4）域名规划　数据网络平台域名，由农业科学数据共享中心提供，并统一规划管理。

3. 局域网基本环境要求　农业资源与区划数据网络平台局域网必须具备与互联网连通，其基本环境要求如下。

（1）网络结构　基于网络安全考虑，网络至少应具备与防火墙相对应的 3 个区域（外部区、中立区、内部区）。其中，外部区是与互联网直接连通的区域；中立区是放置互联网服务器组，并允许互联网用户访问的区域；内部区是内部工作区，不允许互联网用户访问。

（2）网络协议　应支持 TCP/IP 协议、以太网及快速以太网协议。

（3）传输速率　不低于 100Mbit/s。

（4）网络设备功能　网络交换设备应具备或扩展后具备三层交换、VLAN 功能以及文字、图形、图像、音频、视频等多媒体数据的传输功能。

（5）接入设备　信息网络共享服务系统的各局域网外网出口（即：互联网链路接入端）应该安装已经过公安部认证的路由器、硬件防火墙等网络接入设备。

4. 网络平台建设管理要求

（1）网络服务器与存储设备　农业资源与区划数据网络平台应配置专用服务器（包括互联网应用、数据库、数据库备份等服务器），同时配备必要的海量数据存储设备，并应建立异地备份。

（2）数据服务要求　农业资源与区划网络平台必须具备数据服务，主要包括：①Internet 服务：WWW、FTP、DNS、Email、搜索引擎服务等。②Web 服务应集成动态网页发布和制作技术，支持本网站的全文检索，为用户提供方便的信息资源查询服务。Web 服务应集成 Web GIS 管理平台，以方便空间数据的管理、维护和发布。③搜索引擎服务支持网络上的各种查询检索（包括模糊检索），为用户提供信息资源查询检索服务。

（3）信息安全设施　网络平台应具备性能较为完善的网络信息安全设施，包括：网络防火墙、入侵检测、病毒防范、用户识别等信息安全软硬件系统。

（4）机房及电源设备　系统应具备符合国家标准（GB/T 9361—2011）的计算机房及电源设备环境。

第三节　国家级农业资源与区划数据采集与更新维护规范

一、范围

本部分确定了国家级农业资源与区划数据采集、数据质量、数据转换以及数据更新维护要求。

本部分适用于"国家级农业资源与区划数据库建设及共享"项目的数据建库管理及数据交换，其他相关应用可参照使用。

二、全国农业资源与区划数据采集要求

1. 采集范围　全国农业资源与区划数据采集范围包括全国县级以上行政区，以县（区、

旗、县级市、自治县等）为基本的统计信息单元，但有些统计项目可以到地区级或省级，重点地区可以到乡镇级。

2. 采集内容　全国农业资源与区划数据采集内容主要包括文档数据、属性数据和空间数据。具体内容如下。

（1）国家级、省级、地区级、县级农业综合区划和专业区划的区划报告。

（2）国家级、省级农业区划会议综合报告。

（3）国家级、省级、地区级、县级农业经济与社会发展统计数据。

（4）国家级、省级、地区级、县级农业综合区划和专业区划的区划图（经地理配准）。

（5）基础地理信息以及植被、土壤、草地、水资源、森林、土地、气候、土地退化等环境背景信息的图件。

（6）全国农业资源与区划信息元数据。

3. 文档数据采集要求

（1）采集平台　文档数据采集平台包括 MicroSoft Word。

（2）采集内容　文档中除目录和勘误表外所有文字、表格、插图等。

（3）保存形式　文件名为：书名.doc。

（4）录入参数设置

①页边距。上、下、左、右各设 2cm；装订线设为 0cm；装订位置设为左；方向设为纵向。

②页面大小。A4 纸，宽度设为 21cm，高度设为 29.7cm。

③文档网格。文本排列方向设为水平；文本对齐方式设为两端对齐；文本分栏数设为 1；每页行数设置为 50 行/页。

④插图。插图以 300dpi 扫描处理，经过图像锐化处理，调整图像色彩，再旋转图像，使图像保持与原文档中插图方向一致，然后将文件存为 jpg 文件。将图件采用上下型文字环绕方式插入文档相应位置，并输入插图名称。

⑤表格。以插入表格方式，在 word 中录入表格中所有内容。其中，表格对齐方式为居中，文本对齐方式设为左对齐，外围边框线宽：11/2 磅，内部网格线宽：1/4 磅。

⑥字体要求。字体颜色设为黑色。其中：

a. 一级标题字体。中文—黑体，西文—Times New Roman，三号字。

b. 二级标题字体。中文—黑体，西文—Times New Roman，四号字。

c. 三级标题字体。中文—黑体，西文—Times New Roman，四号字。

d. 正文字体。中文—宋体，西文—Times New Roman，四号字。

e. 表格字体。中文—宋体，西文—Times New Roman，五号字。

⑦制表位。默认制表位设为 2.5 字符。

⑧标题。

a. 参考原文目录，设置标题级数，但不得超过三级。

b. 标题编号不得录入，必须采用 word 内置的项目符号和编号工具加入。

c. 标题编号形式保持与原文一致，若发生混淆可作适当调整，同时在原印刷文档相应位置圈出。

d. 参考原文的排版方式，一级标题与前一段落间加入一空行或一分页符。

⑨页码。从正文开始处插入页码，包含前言部分；起始页码设为 1，不含章节号；页码位置设为页面底部（页脚）；页码对齐方式设为居中。

⑩目录。采用 word 软件内置的目录编制器自动创建文档目录，目录级数参考原文档目录级数，但不得超过三级。

（5）校对要求

（1）文档数据全部录入完成后，录入人员采用 word 软件内置的检查拼写和语法的工具对全文进行初次校对，对其中错误进行改正。

（2）包含勘误表的文档，必须按照勘误表对录入文档进行修改，同时在原印刷文档相应位置圈出，以便二次校对人员的校对。

（3）初次校对完成后，对文档目录进行更新。

4. 属性数据采集要求

（1）采集平台　属性数据采集平台包括 Microsoft Excel。

（2）采集内容

①农业资源与区划数据集中包含的所有区划数据表和资源调查数据表。

②农业资源与区划文档中相关资源调查表。

（3）保存形式　文件名：表名称（中文）.xls。

（4）录入参数设置

①字体。

a. 字体。中文—宋体，西文—Times New Roman。

b. 字号。12。

c. 字体颜色：黑色。

②工作表。

a. 每个数据表只包含一个工作表。

b. 工作表名称可不作修改。

③录入起始单元格。A1。

④数据类型。所有数据均按文本型进行录入。

⑤公式。数据表中不得含有任何公式。

⑥行高与列宽。自定义。

（5）校对要求

①数据全部录入完成后，采用 Excel 软件内置的拼写工具对表中英文单字进行检查，对其中错误进行改正。

②包含勘误表的数据表，必须按照勘误表对录入数据进行修改，同时在原印刷数据表的相应位置圈出，以便二次校对人员的校对。

③录入人员按照原印刷数据表对录入数据逐一进行初次校对，修改其中错误。

5. 空间数据采集要求

（1）采集平台　Arcinfo、Arcview 等地理信息系统软件。

（2）采集内容

①农业资源与区划图集中包含的所有区划图与资源调查图。

②农业资源与区划文档中包含的所有区划图与资源调查图。

③农业资源与区划文档中按照行政界线分区，并列出分区界线的所有区划图。

④基础地理信息以及植被、土壤、草地、水资源、森林、土地、气候、土地退化等环境背景信息图件。

（3）文件保存形式

①层名称。关键字（中文）。

②保存类型。coverage，E00。

（4）采集方式

①以行政边界进行分区的区划图。以 1∶25 万行政区划图为底图，按照分区范围的最小单元对原图进行合并。然后按照参数设置中第六条加入该图的分区属性。

②不以行政边界进行分区的区划图。

a. 以 1∶25 万行政区划图为基础，整理区划数据，在区划专家协助下，将区划图转绘到 1∶25 万行政区划图上，由区划专家和工作人员进行审核、更正，保证区划图的正确。

b. 扫描区划图。

c. 对扫描图形进行屏幕数字化。

d. 检查数字化是否完整。

e. 检查坐标采集点的精度是否符合要求。

f. 按照参数设置中第六条加入该图的分区属性。

（5）参数设置

①容限值（单位：英寸）。Snap distance＜0.001、Weed distance＜0.001、Dangle＜0.002、Fuzzy＜0.001、Grain＜0.01。

②投影参数。投影类型：Albers（等面积双标准纬线圆锥投影）；中央经线：东经 105°；原点基准：0°（赤道）；单位：m；标准纬线：北纬 25°，北纬 47°；椭球体：Krasovsky。

③现状地物。单线河等的数字化要求从水系的上游开始，向下游进行数字化。

④面状独立地物以其几何中心为标识点。若其中心配有点状符号，则以符号的定位中心为标识点。

⑤不同图层的公共边只数字化一次，用拷贝等命令实现共享公共边的不同图层的完整建库。

⑥Clean 命令中容限参数 Dangle Length 和 Fuzzy Tolerance 的设定小于 0.000 000 01。

⑦图层控制点不得少于 14 个，除 4 个角点以外，其余各控制校正点要均匀分布在图内各方里网的交汇点上。控制点坐标均按照理论值进行输入。

（6）精度要求

①图形定位控制点：RMS 误差小于 0.075m。

②相对于扫描的工作底图，矢量化后的扫描点位误差不大于 0.1mm，直线线划误差不大于 0.2mm，曲线线划误差不大于 0.3mm，界限不清晰时的线划误差不大于 0.5mm。

（7）属性表

①所有空间数据必须建立与空间图素对应的属性文件，属性项内容及定义按照对应地图进行调整。

②对于所有区划图，属性数据必须包含分区名称与分区代码，其命名与定义如表 3-6 所示。

表 3-6　属性数据分区名称与分区代码

字段名称	类型	宽度	内容
一级分区名称	字符型	60	
一级代码	整型	5	Ⅰ, Ⅱ, Ⅲ, ……
二级分区名称	字符型	60	
二级代码	整型	5	1, 2, 3, 4, ……
三级分区名称	字符型	60	
三级代码	整型	5	1, 2, 3, 4, ……
……	……	……	……

三、全国农业资源与区划数据采集质量要求

1. 文档和属性数据采集质量要求

（1）文档、属性数据采集严格忠实于原文，未经许可，不得在录入过程中对原文包括封面、正文等做任何内容上的增加或删减。

（2）所有文档的版面、字体、字符大小保持统一风格。

（3）对原文中出现的错字，经过核对后，在录入过程中加以订正。

（4）包含勘误表的文档，必须按照勘误表对录入文档进行修改。

（5）文档录入完成后，必须经过二次校对。初次校对可由录入人员完成，二次校对由课题组成员对照原文逐字逐句校对，保证文字差错率≤0.1%。

（6）录入人员与二次校对人员不得为同一人。

（7）在数据验收过程中，发现不符合相应录入规范、技术指标的成果，根据其性质和严重程度，分别提出处理意见，进行修改。当出现问题较多时，应将数字化成果退回给作业人员，重新检查、修改。

（8）在文档和属性数据的录入、校对和质量检查等相关步骤中必须填写相关记录（表3-7～表3-12）。

表 3-7　文档录入明细

序号	资料名称	出版社	电子文档名称	字数	录入人	插图数量	插图完成人	初校结果	完成时间	备注

表 3-8　文档校对明细

序号	资料名称	电子文档名称	字数	出错率	是否需要返工	校对人	校对时间	备注

表 3-9　文档质量检查明细

序号	资料名称	电子文档名称	字数	插图是否完整	附表是否完整	检查结果	归类	检查人	检查时间	备注

注：对于同一文档，录入、校对、质量检查表中的序号相同。

表 3-10　属性数据录入明细

序号	资料名称	电子数据表名称	字段数	主键字段名称	主键字段描述	数据量	归类	录入人	完成时间	备注

表 3-11　属性数据校对明细

序号	资料名称	电子数据表名称	字段数	出错率	是否需要返工	校对人	校对时间	备注

表 3-12　属性数据质量检查明细

序号	资料名称	电子数据表名称	字段	检查结果	归类	检查人	检查时间	备注

注：对于同一属性表，录入、校对、质量检查表中的序号相同。

2. 空间数据采集质量要求　空间数据的数字化包含图形转绘、扫描、矢量化、建立拓扑关系、属性添加、精度检查等步骤。在这些过程中，除了遵循空间数据采集要求外，还应遵守以下质量要求，并记录在表 3-13～表 3-16 中。

（1）所有区划图均以不分幅方式保存，分幅地图数字化完成后通过图廓点进行拼接。

（2）所有图层的边界必须完全相同，省级及以下地图的行政边界以国家基础地理信息中心的 1：25 万行政边界为准，国家级地图的行政边界以国家基础地理信息中心的 1：100 万行政边界为准。图层之间的公共边必须完全重合。

（3）图层要素要完整，检查是否丢失图元和内容，要确保与原图完全一致。

（4）要进行图斑要素与属性一致性检查。

（5）属性数据检查：对照原图检查属性表中的字段类型、长度、名称等是否正确、完整，如发现漏图元或属性紊乱则要进行重新处理。

表 3-13　地图转绘明细

序号	资料名称	转绘时间	转绘人	质量检查	检查人	完成时间	备注

表 3-14　地图底图扫描明细

序号	资料名称	扫描图名称	扫描人	扫描时间	备注

表 3-15　空间数据数字化明细

序号	资料名称	比例尺	扫描文件名称	COVERAGE名称	投影	几何特征	属性表字段名称及含义	完成人	完成时间	备注

表 3-16 空间数据质量检查明细

序号	Coverage 名称		验收人		验收时间		
检查项目			检查内容		严重缺陷	重缺陷	轻缺陷
地图原图精度	图廓点点位		误差≥0.2mm	严重缺陷〔 〕	〔 〕	〔 〕	〔 〕
	图廓边边长		误差≥0.2mm	严重缺陷〔 〕	〔 〕	〔 〕	〔 〕
	图廓对角线长度		误差≥0.3mm	严重缺陷〔 〕	〔 〕	〔 〕	〔 〕
	坐标网线间距		误差≥0.2mm	严重缺陷〔 〕	〔 〕	〔 〕	〔 〕
扫描图像精度	图廓点点位		误差≥0.2mm	重缺陷〔 〕	〔 〕	〔 〕	〔 〕
	图廓边边长		误差≥0.2mm	重缺陷〔 〕	〔 〕	〔 〕	〔 〕
	图廓对角线长度		误差≥0.3mm	重缺陷〔 〕	〔 〕	〔 〕	〔 〕
	坐标网线间距		误差≥0.2mm	重缺陷〔 〕	〔 〕	〔 〕	〔 〕
TIC 点精度	控制点≤12 与≥9		轻缺陷〔 〕		〔 〕	〔 〕	〔 〕
	控制点≤8 与≥4		重缺陷〔 〕				
	控制点小于 4		重缺陷〔 〕				
	RMS 小于 0.075〔 〕				〔 〕	〔 〕	〔 〕
数据采集精度	误差≥0.1mm		错误〔 〕		〔 〕	〔 〕	〔 〕
	≥5%		严重缺陷〔 〕				
	≤5%与≥3%		重缺陷〔 〕				
	≤3%与≥1%		轻缺陷〔 〕				
缺陷数总数							

注：对于同一地图，转绘、扫描、数字化、质量检查表中的序号相同。

四、农业资源与区划数据的转换和交换格式

1. 文档数据的转换格式 农业资源与区划数据库中的文本支持几种基本存储格式：Microsoft Word DOC 文档格式、多种纯文本格式、超文本格式（HTML）、Adobe Acrobat PDF 格式。另外还支持数据分发格式：丰富文本格式（RTF）、Adobe 的 PostScript（PS）及增强的 Postscript 格式（EPS）。

2. 属性数据的转换格式 本系统属性数据支持以下标准存储格式：Microsoft 的 SQL Server 数据库文件及其备份、导出格式；Microsoft Access 数据库文件（mdb）；DBF 文件。本系统属性数据交换文件格式，除以上 3 类，还包括：INFO 文件、文本文件、超文本文件（HTML）。

3. 空间数据的转换格式 本系统空间数据支持以下标准存储格式：Arc/Info 的 coverage 格式、Arc/Info 的 Grid 格式、图像 Erdas 的 image 格式。本系统空间数据交换文件格式，除以上 3 类，还包括：ESRI Shape 文件、ESRI ASCII GRID 文件、GeoTIFF 文件。

五、农业资源与区划数据的更新要求

1. 数据更新内容 农业资源与区划数据更新内容主要包括：各级综合农业区划、专业区划等多种区划的文档数据、属性数据和空间数据。这些数据的更新是根据国家、省、市、县农业部门农业区划工作成果来确定的，以便确保数据及时更新。

2. 数据更新权限　农业资源与区划数据更新内容较多，数据更新要实现层次化、分级化管理，更好地保证数据的有序性、严肃性、可靠性和安全性。农业资源与区划数据更新用户分为数据建库员、系统管理员、数据管理员等几种不同用户角色，不同用户角色在系统中的作用不同、系统赋予的权限也不同：

（1）数据建库员负责农业资源与区划数据的收集、整理和生产制作，包括空间数据的生产和属性数据的生产等，其工作是为系统提供完整、高质量、高标准的数据。

（2）数据管理人员根据数据建库员提供的基础数据，进行农业资源与区划数据库中数据的增加、删除、修改、合并等处理工作，其工作是为系统运行提供最新的、实时的背景数据库支持。

（3）系统管理员负责维护数据更新系统环境、软硬件平台的正常运行，提高数据更新的工作效率。

3. 数据更新范围和总量　农业资源与区划数据更新将实时、全面地收录整理全国、省、市、县的有关农业资源和区划的空间数据和属性数据，数据更新来源涵盖此期间最新数据的90％以上。

4. 数据更新周期　农业资源与区划数据类别不一，其更新周期和频率也不尽相同。

（1）基础地理数据主要包括全国及各省区的地形、地貌、土壤、水文、气候、植被、环境等方面的数据和不同比例尺的图件。更新周期为3年。

（2）国家级、省级、地区级、县级农业经济与社会发展统计数据更新周期为1年。

（3）国家级、省级、地区级、县级综合农业区划、专业区划报告等文档、属性与空间数据的更新没有固定周期，主要根据数据的来源实现实时更新，确保数据的现势性。

第四节　国家级农业资源与区划数据共享规范

一、范围

本部分规定了全国农业资源与区划数据共享分类、数据共享服务对象、网络共享途径和共享数据的安全保护内容。

本部分适用于"国家级农业资源与区划数据库建设及共享"项目，其他相关应用可参照使用。

二、规范性引用文件

下列文件对于本文件的应用是必不可少的。凡是注日期的引用文件，仅注日期的版本适用于本文件。凡是不注日期的引用文件，其最新版本（包括所有的修改单）适用于本文件。

农业科学数据共享项目总体组. 农业科学数据共享管理办法，2005

农业科学数据共享项目总体组. 农业科学数据共享分中心建设规范，2005

三、术语和定义

下列术语和定义适用于本部分。

1. 农业资源与区划数据　data of agriculture resources and regional planning

指在农业资源与农业区划工作中产生的原始性、基础性数据，以及按照不同需求系统加工整理的各类数据集。主要通过科技工作者所开展的研究活动、观测、地面监测站（点）、自下而上的统计、各种实验、宇宙空间的探测、从若干相关数据资源中整理选择等手段和方法来获取。

2. 数据共享服务　data sharing service

指为提供数据共享所提供的技术服务，包括目录服务、导航服务、数据信息发布、数据检索、数据产品加工以及数据产品分发等。

3. 共享用户　data sharing user

指向数据集的所有者发出访问其数据集的请求命令，并被获准访问的单位或个人。

4. 免费　free of charge

指除复制和交付资料所需的成本费外，不再征收任何资料采集和存档所花的费用。

5. 资料复制和交付成本费　charge for data copy and facility

指为用户提供农业资源与区划数据过程中对数据检索、摘录、加工、复制所需的人员工时、设备损耗、能源消耗以及复制载体、通讯传输等项费用。

6. 资料加工处理费　charge for data management

指对所收集的农业资源与区划数据进行加工处理和归档所需的人员工时、设备损耗、能源消耗等项费用。

7. 信息保护　information protection

指未经许可不可向任何人提供任何有关的计算机程序，不可进行任何计算机数据库和系统操作，不可获得任何信息数据。另外，未经许可不可进行任何形式临时再生产、不可进行任何转换、改编和修改。不可进行任何形式复制和分发，不可进行任何通讯、发表和发布。

8. 数据安全　data security

指数据能进行正常运转而不受损害。

四、全国农业资源与区划网络共享数据分类

全国农业资源与区划网络共享数据包括大量的调查数据和文字资料，绝大部分可以无偿地向有关政府部门、科研与教学单位以及公司企业等生产实际部门公开，提供共享服务；有相当一部分数据资料要设定使用权限，避免滥用；还有一部分数据提供有偿服务。

1. 无偿公开的数据类

（1）无偿使用　无偿使用是指不收取数据采集、加工处理和归档的费用。不包括对数据分发包装等服务费用。无偿使用的范围包括：①国家投资的基础数据一律实行无偿使用；②对重要公益事业使用的数据实行无偿使用，主要包括农业部、科技部等政府决策与管理部门以及国家公益性事业单位。

无偿使用的办法是，通过单位或个人申请，由中国农业科学院农业资源与农业区划所数据管理部门发放无偿共享许可。

（2）无偿使用的内容

①全国农业资源与区划元数据。

②国家或省级农业生产、农村经济发展方面的本底数据。包括农业自然地理环境数据、地形地貌、土地面积、土壤、水文、气候、能源、生物、矿产、旅游、环境污染和治理、农村社会经济等方面的调查数据、各种不同比例尺的图件以及相应的评价报告等。

③国家或省级农业资源的调查数据、图件与研究报告，如农业土地资源（土地概查数据、图件）、水资源调查与评价、作物品种资源调查数据等。

④省、地、县级多种农业及农村经济建设与发展方面的调查数据与资料，如农业区域规划与生产布局、农业生态环境保护、国土资源调查与整治、农业名特优稀资源与产品、农村劳动力与农业人口、劳动力转移问题研究、农业投资项目可行性论证报告，有关种植业、林业、畜牧业、渔业、副业生产和农产品加工业、农村生产服务业、农业部门经济的调查数据与研究报告等。

⑤农业区划系统成套的《农业资源调查与农业区划报告》集。主要包括六大类，即综合自然区划、农业自然条件区划、农业部门区划、农业技术措施区划、综合农业区划、农村经济调查与区划等以及 66 种专业区划，如全国、省级、地区级、县级综合农业区划；农业经济条件区划（农村人口、农村经济调查）；农业种植业区划（粮食作物、饲料作物、经济作物、园艺作物等及其商品生产基地建设区划）；农业地貌区划；农业气候区划；土壤区划；植被区划；农业水文地质区划；自然保护区区划；林业区划；畜牧业区划；渔业区划；工副业区划；乡镇建设区划；各类农业生态区划；农业机械化区划；肥料区划；土壤改良区划；农业水利化区划；作物良种区划；动植物保护区划；农村能源区划；水土保持区划；农田基本建设区划等。

2. 无偿保密的数据类　在全国农业资源调查与农业区划资料库中，除了大部分的基础性数据与成果外，还有部分具有较强专业性与地区性的资料。这部分数据可以实现无偿共享，但根据《中华人民共和国保守国家秘密法》和有关保密规定，只能有针对性地向相关部门、特定专业领域的研究和教学单位提供，因而属于无偿保密型数据。这类数据主要如下。

（1）全国 30* 个省（自治区、直辖市）到县级、重点地区与典型地区到乡级的各类资源调查、区划报告和统计数据、不同比例尺的各类资源和区划图件、各种作物分区图等。

（2）各省（自治区、直辖市）到县级的历年农业、农村经济、国内和国际市场农产品贸易、物价等方面的统计资料。

（3）各种农业和农村专题调查数据与专题图件。

（4）利用地理信息系统、遥感、全球定位系统一体化技术所完成的各类全国性或区域性的农业资源动态监测数据、图件与分析报告等，如每年的农作物长势监测，农作物遥感估产，包括水灾、旱灾、火灾、病虫害等在内的各种自然灾害的监测，农业资源如耕地资源、草地资源等变化的动态监测等数据资料。

3. 有偿的数据类　主要是指经过标准化处理的或原始的遥感影像数据，如航空遥感影像、高分辨率的卫星遥感影像等。这部分数据的利用将根据数据来源及其成本、数据加工处理的深度等，有针对性地收取一定的费用。

五、全国农业资源与区划数据网络共享服务对象

1. 服务对象　全国农业资源与区划数据网络共享服务对象主要包括国家、各部委等政府决策与管理部门；国家公益性事业单位；科研教学单位；企业、事业单位等。

2. 服务权限　全国农业资源与区划数据库网络系统对服务对象进行分类管理，系统将

---

* 全国农业资源区划工作开展时，重庆市还未列为直辖市。

用户设置为普通用户、授权用户、高级用户和系统管理员等几种不同用户角色，不同用户角色在系统中的作用不同，系统赋予的权限也不同。

（1）普通用户　普通用户可以不需要进行登录认证，可以访问共享平台，享受新闻动态、政策法规以及农业资源与区划元数据浏览、检索和公开数据的下载、打印服务；也可以先进行网络注册（免费）成为注册用户，注册用户具有个人身份得到保护的权利，可以享受更多优惠和主动服务，如可以定期、不定期地收到农业资源与区划数据网络共享中心主动推送的服务信息，也可以提出请求，以其他离线方式（光盘拷贝、复印等）获得相应的农业资源与区划数据。

（2）授权用户　授权用户应为网站认定注册会员，可以实现元数据查询、显示以及普通级数据下载。科研教学单位等其他事业单位将可以有选择地通过一定的权限获得数据共享及其服务功能；为企业、事业单位从事的经营性活动提供所需的农业科学数据，除收取资料复制和交付成本外，可以补偿性收取资料加工处理费。

（3）高级用户　高级用户应为网站认定注册会员，可以实现所有类型的数据查询与下载，以及相关的信息发布。农业部、科技部等国家政府决策与管理部门以及国家公益性事业单位将具有数据库的最高共享权限。

（4）系统管理员　系统管理员负责数据库和网络的管理。

六、全国农业资源与区划数据网络共享途径

全国农业资源与区划数据网络共享有多种途径，不同层面的用户均可从全国农业资源与区划数据网得到所需信息。针对4个不同层面的服务对象，全国农业资源与区划数据网络共享设计从逻辑上分为3个层次，即核心层、分发层和访问层。

1. 核心交换途径　核心层具有高速交换主干，为应用提供尽可能高的包交换速度，采用成熟的网络交换技术来保证核心层的带宽。核心层具有最高的网络性能，考虑到中心服务器是数据流比较集中的地方，因此为了保证中心服务器的访问速度，应将中心服务器接入网络核心层。这一层次的用户主要是政府管理部门、科研机构、院校、生产企业单位。处在这一层次的用户，可以按规定下载数据，并可利用共享扩展功能与网络交换数据信息。

2. 分发交换途径　分发层是访问层和核心层的分界点。在分发层，充分利用高性能的第二层交换能力，根据需要将用户分组，处理用户数据包。并通过安全地址过滤、输出流量控制、流量优先级控制、访问控制列表等功能，为网络应用提供共享连接。处在这一层次的用户主要是网络分中心和政府管理部门、科研机构、院校、生产企业单位。网络分中心既是下层用户的信息分发者，又是核心网络的数据信息提供者。其提供的数据由网络核心按网络协议统一向其他用户提供，并按数据流量对收费部分进行计量结算。

3. 访问交换途径　访问层是最终用户访问网络的访问点，为用户提供网络访问能力，其主要功能包括：为用户访问提供共享带宽，为用户访问提供交换带宽，为用户提供地址分配、地址转换等地址服务功能。这一层次的用户是网络的最终用户，他们可以按规定从网络获得共享信息，但他们向网络提供信息的可能性较小。

七、共享数据的安全保护

1. 数据保护　农业资源与区划信息系统的数据保护有三级，即核心层、内部层和服

务层：

（1）核心层安全机制　农业资源与区划信息系统建立者是农业资源与区划信息系统的核心层。在此核心层中的组成人员是技术人员、系统设计者和系统管理员，其对农业资源与区划信息保护负有最高责任。

①物理存取安全机制。计算机主机、服务器和其他存储农业资源与区划信息数据的计算机设施存放在安全的地方，以防止无权用户的物理存取和防止自然或人为损坏；任何外部连接源的审查必须由系统负责人或系统设计者负责；系统的安装、数据的更新、计算机的更换和维修必须由技术负责人、系统设计者和系统管理员进行或监督进行；装有数据的笔记本类便携机应有专人相应管理。

②农业资源与区划信息管理安全机制。对农业资源与区划信息系统的核心层人员分别授权，使各自负有相应职责和责任；系统必须在系统管理员指导下登录控制，其他人员登录必须获得批准才能建立，核心层人员不必登录由系统管理员控制的工作环境；输入或被转换的数据必须经过审查，以保证数据的精度和可靠性；系统中任何软件和数据下载必须获得批准；系统必须具有防范病毒的保护软件；建立泄密的赔偿处罚规定。

（2）内部层安全机制

①对农业资源与区划信息系统应用单位的用户，应制定统一规定。

②农业资源与区划信息系统应用单位的用户发生变化时，系统管理员必须了解新用户的状况和职责。

③必须建立审查跟踪机制，及时发现可疑事件并给予解决。

④建立日志和日志恢复机制，对新应用、新进展和发生事件日记存档。

⑤对系统合作用户签订合作协议，其中包括合作用户应负的数据安全保护责任。

（3）服务层安全机制

①农业资源与区划网络信息需要保护，在 INTERNET/INTRANET 与系统网络之间设置一个防火墙，以防止系统之外用户的非法访问。

②系统采取身份认证技术、数据加密技术和数据安全技术，以保障数据安全和网络运行安全。只有在服务器端授权并掌握密码和协议地址的用户才可以进入。

2. 农业资源与农业区划数据密级规定

提供涉密的农业资源与区划数据共享，以及使用、保管共享的涉密农业资源与区划数据，应当遵守《中华人民共和国保守国家秘密法》和相关的规定。

3. 数据产权保护

（1）数据产权确认　农业资源与区划数据在转移过程中无创新的产权数据属提供者；数据在转移共享使用中有创新的，该共享使用人拥有创新部分的产权。产权的确认依《著作权法》规定，软件产权的取得需经登记，数据产权自动产生。

（2）产权保护内容　农业资源与区划数据产权人拥有法律规定的公开权、署名权、加工权、数据完整权和转让中获取报酬权等权利。

（3）保护期限　数据自公开之年起算的 25 年期限。

4. 数据使用不当罚则

（1）用户获得的用于非经营性活动的农业资源与区划数据，不得用于经营性活动。违反本规定，由有关农业主管机构责令其改正，给予警告；情节严重的，停止向其提供农业资源与区划数据。

（2）提供涉密农业资源与区划数据共享，以及使用、保管共享的涉密农业资源与区划数据，需遵守《中华人民共和国保守国家秘密法》等法律、法规等规定。违反本规定，由有关部门依照上述法律、法规的规定进行处罚。

第四章
草地科学数据库建设及共享标准与规范

4

第一节　草地科学数据库分类和结构规范

一、范围

本部分规定了草地科学数据库的分类与编码以及数据库的结构和内容，以便规范和统一草地科学数据的管理。

二、草地科学数据库分类和编码

草地科学数据库分类与编码见表 4-1。

表 4-1　草地科学数据库分类与编码

学科分类		主体数据库			
编码	名称	编码	名称	专业数据库编码	专业数据库名称
06	草地与草业科学	01	草地数据库	01	草地资源特征
				02	草地资源分布
				03	草地植物分类
				04	草地动物分类
				05	草地调查
				06	草地气象观测
				07	草地土壤观测
				08	草地植被观测
				09	草地啮齿动物观测
				10	蝗虫、土壤动物和土壤微生物调查
		02	牧草数据库	01	牧草生物学信息
				02	牧草适宜性
				03	牧草引种
				04	牧草栽培管理
				05	牧草虫害
				06	牧草病害

（续）

学科分类		主体数据库			
编码	名称	编码	名称	专业数据库编码	专业数据库名称
06	草地与草业科学	02	牧草数据库	07	牧草水肥管理
				08	牧草适宜性分布
				09	牧草审定品种
				10	牧草引进品种
				11	牧草物候
				12	牧草化肥信息
		03	草业生产与经济数据库	01	草种价格数据库
				02	牧草产品价格
				03	中国草业经济
				04	世界草业经济
				05	草坪草品种信息
				06	草坪病害
				07	草坪虫害
				08	牧草产品进出口
				09	草业机械信息
				10	草业科研与人才信息
		04	草原区生态背景数据库	01	行政区气候资源图
				02	行政区土壤资源图
				03	行政区地形图
				04	行政区草地资源图
				05	行政区耕地资源图
		05	草业动态监测与管理数据库	01	草原区沙尘暴数据
				02	草原区退化监测信息
				03	草原区沙化监测信息
				04	天然草地产草量监测信息
				05	天然草地生产力监测信息
				06	天然草地长势监测信息
				07	天然草地旱灾监测信息
				08	草原区饲草料监测信息

三、草地数据库结构和内容

草地数据库包括草地资源特性、草地资源分布、草地植物分类、草地动物分类、草地调查、草地气象观测、草地土壤观测、草地植被观测、草地动物观测等数据库（表4-2～表4-11）。

表 4-2 草地资源特性数据库

序号	数据名称	数据类型	长度	说明	备注
1	编号	整数	4	自动编号	
2	类编码	文本	10	类编码	
3	亚类编码	文本	10	亚类编码	
4	类名称	文本	40	类名称	
5	亚类名称	文本	60	亚类名称	
6	草地面积	数值型	16	草地面积	hm²
7	可利用面积	数值型	16	可利用面积	hm²
8	产草量	数值型	16	产草量	kg/hm²
9	载畜能力	数值型	16	载畜能力	hm²/（只·年）
10	理论载畜量	数值型	16	理论载畜量	羊只/年

表 4-3 草地资源分布数据库

序号	数据名称	数据类型	长度	说明	备注
1	行政区编码	字符	6	所在行政区编码	
2	行政区名称	字符	20	所在行政区名称	
3	草地总面积	数值型	16	行政区草地总面积	hm²
4	可利用面积	数值型	16	可利用面积	hm²
5	平均产草量	数值型	16	产草量	kg/hm²
6	载畜能力	数值型	16	载畜能力	hm²/（只·年）
7	理论载畜量	数值型	16	理论载畜量	羊只/年

表 4-4 草地植物分类数据库

序号	数据名称	数据类型	长度	说明	备注
1	植物名称	字符	20		
2	科	字符	20	植物所属的科	
3	科拉丁名	字符	20	植物所属的科的拉丁名	
4	属	字符	20	植物所在的属	
5	属拉丁名	字符	20	植物所属的属的拉丁名	
6	种中文名	文本	10	种名（中文）	
7	种英文名	文本	10	种名（英文）	
8	种学名（拉丁名）	文本	10	学名（拉丁名）	
9	基本描述	备注		植物特征基本描述	
10	适宜生境和分布	文本	20	适宜生境和适宜分布地区	
11	生命周期	文本	20	生命周期（一年生、越年生、多年生等）	
12	繁殖材料	文本	20	繁殖材料（营养体、种子等）	

（续）

序号	数据名称	数据类型	长度	说　明	备注
13	生长特点	文本	20	生长特点（直立型、匍匐型、半直立型等）	
14	根系	文本	20	根系（直根系、须根系等）	
15	株丛	文本	20	株丛（疏丛型、密丛型等）	
16	新枝生长点	文本	20	新枝生长点（顶端、根颈、匍匐茎、地下茎、腋芽等）	
17	叶特征	文本	20	叶特征（色、形、叶量、分布如基生或非基生）	
18	花特征	文本	20	花特征	
19	果特征	文本	20	果特征	
20	种特征	文本	20	种特征	
21	染色体数目	文本	20	染色体数目	
22	生活期限	文本	20	生活期限（寿命，年数）	

表 4-5　草地动物分类数据库

序号	数据名称	数据类型	长度	说　明	备注
1	动物名称	字符	20		
2	纲	字符	20	所属纲	
3	目	字符	20	所属目	
4	科	字符	20	所属科	
5	科拉丁名	字符	20	所属科的拉丁名	
6	种中文名	文本	10	种名（中文）	
7	种英文名	文本	10	种名（英文）	
8	种学名（拉丁名）	文本	10	学名（拉丁名）	
9	基本描述	备注		植物特征基本描述	
10	适宜生境和分布	文本	20	适宜生境和适宜分布地区	

表 4-6　草地调查数据库

序号	数据名称	数据类型	长度	说　明	备注
1	编号	整数	4	自动编号	
2	样地号	文本	16	样地号	
3	调查日期	日期型	8	调查日期	YYYYMMDD
4	经度	文本	10	经度	°
5	纬度	文本	10	纬度	°
6	海拔高度	数值型	10	海拔高度	m
7	地点	文本	60	地点	
8	草地类型	文本	60	草地类型	
9	生活型	文本	30	生活型	

（续）

序号	数据名称	数据类型	长度	说明	备注
10	草群高度	数值型	10	草群高度	m
11	草群盖度	数值型	10	草群盖度	%
12	产量1	数值型	10	产量1	kg/hm²
13	产量2	数值型	10	产量2	kg/hm²
14	产量3	数值型	10	产量3	kg/hm²
15	产量4	数值型	10	产量4	kg/hm²
16	产量5	数值型	10	产量5	kg/hm²
17	平均鲜重	数值型	10	平均鲜重	kg
18	平均干重	数值型	10	平均干重	kg
19	备注	备注	50	备注	

表 4-7　草地气象观测数据库

序号	数据名称	数据类型	长度	说明	备注
1	站点编号	整数	5	气象站号	
2	站点名称	字符	50	气象站名称	
3	行政区编码	字符	6	所在行政区编码	
4	行政区名称	字符	20	所在行政区名称	
5	年份	整数	4	年份	
6	月份	整数	2	月份	
7	平均气温	数值型	5	气温（℃）	
8	降水	数值型	5	降水量（mm）	
9	日照时数	数值型	5	日照时数（h）	
10	最低温度	数值型	5	极端最低温度（℃）	
11	最低温度出现日期	日期型	8	极端最低温度出现日期	
12	最高温度	数值型	5	极端最高温度（℃）	
13	最高温度出现日期	日期型	8	极端最高温度出现日期	
14	平均最低温度	数值型	5	平均最低温度（℃）	
15	平均最高温度	数值型	5	平均最高温度（℃）	
16	相对湿度	数值型	5	相对湿度（%）	
17	干燥度	数值型	5	干燥度	
18	水汽压	数值型	5	水汽压（百 Pa）	
19	蒸发量	数值型	5	蒸发量（mm）	
20	风向	文本	20	风向	
21	平均风速	数值型	5	平均风速（m/s）	

表 4 - 8 草地土壤观测数据库

序号	数据名称	数据类型	长度	说 明	备注
1	编号	整数	4	自动编号	
2	土壤样方号	文本	10		
3	样方代表面积	数值型	6	m^2	
4	经度	数值型	10	°	
5	纬度	数值型	10	°	
6	海拔	数值型	4	m	
7	调查时间	日期型	8		
8	调查人	文本	12		
9	采样地点描述	文本	40		
10	土壤类型	文本	20		
11	植被名称	文本	20		
12	采样深度	文本	6	cm	
13	孔隙度总量	数值型	4	%	
14	土壤容重	数值型	4	g/cm^3	
15	测定方法及单位	数值型	6		
16	土壤温度 1 (0～10cm)	数值型	6	°	
17	土壤温度 2 (10～20cm)	数值型	6	°	
18	土壤温度 2 (20～30cm)	数值型	6	°	
19	土壤温度 4 (30～40cm)	数值型	6	°	
20	质量含水量	数值型	6	g/g	
21	小于 0.001mm 沙粒百分比	数值型	6		
22	0.001～0.005mm	数值型	6		
23	沙粒百分比	数值型	6		
24	0.005～0.01mm	数值型	6		
25	沙粒百分比	数值型	6		
26	0.01～0.02mm	数值型	6		
27	沙粒百分比	数值型	6		
28	0.02～0.05mm	数值型	6		
29	沙粒百分比	数值型	6		
30	0.05～0.1mm	数值型	6		
31	沙粒百分比	数值型	6		
32	0.1～0.25mm	数值型	6		
33	沙粒百分比	数值型	6		
34	0.25～1.0mm	数值型	6		
35	沙粒百分比	数值型	6		
36	1～2mm	数值型	6		

（续）

序号	数据名称	数据类型	长度	说　明	备注
37	沙粒百分比	数值型	6		
38	2～3mm	数值型	6		
39	沙粒百分比	数值型	6		
40	3～5mm	数值型	6		
41	沙粒百分比	数值型	6		
42	5～10mm	数值型	6		
43	沙粒百分比	数值型	6		
44	大于10mm	数值型	6		
45	沙粒百分比	数值型	6		
46	土壤质地名称	文本	20		
47	土壤机械组成测定方法名称	文本	20		

表4-9　草地植被观测数据库

序号	数据名称	数据类型	长度	说　明	备注
1	编号	整数	4	自动编号	
2	植物名称	文本	20	样方分种的名称	
3	调查时间	文本	8	样方分种调查时间	
4	调查人	文本	20	样方分种调查人	
5	拉丁名	文本	20	样方分种植物拉丁名称	
6	生殖枝高度	数值型	10	样方分种生殖枝高度	m
7	营养枝高度	数值型	10	样方分种营养枝高度	m
8	盖度	数值型	10	样方分种盖度	%
9	密度	数值型	10	样方分种密度	kg/m^3
10	物候期	数值型	10	样方分种物候期	
11	鲜重合计	数值型	10	样方分种鲜重合计	kg
12	干重合计	数值型	10	样方分种干重合计	kg
13	出苗数	数值型	10	样方分种出苗数	
14	出苗率	数值型	10	样方分种出苗率	%
15	种子库	数值型	10	样方分种种子库	
16	光能转化率	数值型	10	样方分种光能转化率	
17	绿色鲜重	数值型	10	样方绿色鲜重	kg
18	立枯鲜重	数值型	10	样方立枯鲜重	kg
19	绿色干重	数值型	10	样方绿色干重	kg

（续）

序号	数据名称	数据类型	长度	说　明	备注
20	立枯干重	数值型	10	样方立枯干重	kg
21	凋落物干重	数值型	10	样方的凋落物干重	kg
22	根系深度	数值型	10	样方的根系深度	m
23	根鲜重	数值型	10	样方活根鲜重	kg
24	根干重	数值型	10	样方死根干重	kg
25	备注	备注	40	注明测量方法	

表 4 - 10　草地啮齿动物观测数据库

序号	数据名称	数据类型	长度	说　明	备注
1	取样方法	数值型	20	动物样方号	
2	取样面积	数值型	7	样方的面积	m²
3	调查时间	日期	8	调查的时间	
4	调查人	文本	20	调查人	
5	啮齿动物种名	文本	12	啮齿动物种名	
6	拉丁名	文本	12	啮齿动物拉丁名	
7	捕获方法	文本	12	啮齿动物捕获方法	
8	捕获时间	日期	12	啮齿动物捕获时间	
9	捕获总数	整型	4	啮齿动物捕获总数	只
10	天气	文本	20	天气	
11	生境描述	文本	20	生存环境描述	
12	原始洞穴数	数值型	9	记录的洞穴数	个
13	有效洞穴数	数值型	9	有捕获的洞穴数	个

表 4 - 11　蝗虫、土壤动物和土壤微生物调查数据库结构

序号	数据名称	数据类型	长度	说　明	备注
1	取样方法	数值型	20	动物样方号	
2	取样面积	数值型	7	样方的面积	m²
3	调查时间	日期	8	调查时间	
4	调查人	文本	12	调查人	
5	蝗虫种名	文本	30	蝗虫的种名	
6	拉丁名	文本	30	蝗虫的拉丁名	
7	捕获方法	文本	20	蝗虫的捕获方法	
8	捕获时间	日期	8	蝗虫的捕获时间	
9	捕获总数	整型	4	蝗虫的捕获总数	个

（续）

序号	数据名称	数据类型	长度	说　明	备注
10	种群密度	数值型	9	蝗虫的种群密度	个
11	天气	文本	20	天气	
12	土壤动物种名	文本	30	土壤动物的种名	
13	拉丁名	文本	30	土壤动物的拉丁名	
14	种群密度	数值型	9	土壤动物的种群密度	
15	壮龄比	数值型	9	壮龄种群所占比例	
16	微生物种名	文本	30	微生物的种名	
17	拉丁名	文本	30	微生物的拉丁名	
18	种群密度	数值型	9	微生物的种群密度	个/m²
19	其他动物	文本	30	其他动物名称	
20	拉丁名	文本	30	其他动物拉丁名	
21	种群密度	数值型	9	种群密度	个/m²
22	产奶量	数值型	9	产奶量	g
23	怀孕率	数值型	9	怀孕率	%
24	活重变化	数值型	9	活重变化	%

四、牧草数据库结构和内容

牧草数据库包括牧草生物学、牧草适宜性、牧草引种、牧草栽培管理、牧草虫害、牧草病害、牧草水肥管理、牧草适宜性分布、牧草审定品种、牧草引进品种、牧草物候、牧草化肥信息等数据库（表 4-12～表 4-23）。

表 4-12　牧草生物学信息数据库

序号	数据名称	数据类型	长度	说　明	备注
1	编号	整数	4	自动编号	
2	牧草名称	文本	20		
3	别名	文本	20	别名（中文）	
4	草种基本描述	备注		草种基本描述	
5	科	文本	10	科名（中文/拉丁）	
6	属	文本	10	属名（中文）	
7	种中文名	文本	10	种名（中文）	
8	种英文名	文本	10	种名（英文）	
9	种学名（拉丁名）	文本	10	学名（拉丁名）	
10	草种类型	文本	20	野生牧草、栽培牧草、饲料作物	
11	品种介绍	备注		包括该草种主要品种、类型（育成品种、野生栽培品种、引进品种、地方品种）、申报单位/人和日期、基础原种保留等	

（续）

序号	数据名称	数据类型	长度	说　明	备注
12	适宜生境和分布	备注		适宜生境和适宜分布地区	
13	生命周期	文本	20	一年生、越年生、多年生等	
14	播种材料	文本	20	营养体、种子、营养体和种子两者都包括	
15	生长特点	文本	20	直立型、匍匐型、半直立型等	
16	根系	文本	20	直根系、须根系等	
17	株丛	文本	20	疏丛型、密丛型等	
18	新枝生长点	文本	20	顶端、根颈、匍匐茎、地下茎、腋芽等	
19	叶特征	文本	20	色、形、叶量、分布如基生或非基生	
20	花特征	文本	20	花特征	
21	果特征	文本	20	果特征	
22	种特征	文本	20	种特征	
23	染色体数目	文本	20	染色体数目	
24	生活期限	文本	20	寿命，年数	
25	平均生育期天数	数值型	20	平均生育期天数	
26	牧草平均干重	数值型	20	kg/亩	
27	牧草平均鲜重	数值型	6	kg/亩	
28	牧草平均产量干重范围	文本	10	适宜区牧草平均产量（干重范围）	
29	牧草平均产量鲜重范围	文本	10	适宜区牧草平均产量（鲜重范围）	
30	种子平均产量	数值型	6	kg/亩	
31	种子产量范围	文本	10	适宜区牧草种子产量范围	
32	千粒重	数值型		g	
33	株高范围	文本	20	最小—最大值（cm）	
34	产量高峰期	文本	20	第几年到第几年	
35	最适刈割次数	文本	20	刈割型草的最适刈割次数（范围）	
36	适口性	备注		适口性	
37	利用方式	备注		放牧、干草、青贮、青饲	

表 4 - 13　牧草适宜性数据库

序号	数据名称	数据类型	长度	说　明	备注
1	编号	整数	4	自动编号	
2	牧草名称	文本	20	牧草名称	
3	适宜性一般描述	备注	30	适宜性一般描述	
4	可忍受极端最低温	数值型	10	可忍受的过冬最低温度	°
5	可忍受极端最高温	数值型	10	可忍受越夏最高温度	°
6	可忍受最小干燥度	数值型	10	可忍受的最小干燥度	
7	可忍受最低降水量	数值型	6	可忍受的最小降水量	mm

（续）

序号	数据名称	数据类型	长度	说明	备注
8	可忍受最高含盐量	数值型	6	可忍受的最高的含盐量	
9	可忍受最长水淹时间	数值型	6	可忍受的最长水淹时间	h
10	可忍受持续干旱日数	数值型	6	可忍受的持续干旱日数	
11	适宜生长最低含盐量	数值型	6	适宜生长的最低含盐量	
12	适宜生长最高含盐量	数值型	6	适宜生长的最高含盐量	
13	适宜生长最低干燥度	数值型	30	适宜生长的干燥度范围	
14	适宜生长最高干燥度	数值型	30	适宜生长的干燥度范围	
15	适宜生长最低温	数值型	6	适宜生长的最低温度	°
16	适宜生长最高温	数值型	6	适宜生长的最高温度	°
17	适宜土壤最低 pH	数值型	6	适宜的土壤最低 pH	
18	适宜土壤最高 pH	数值型	6	适宜的土壤最高 pH	
19	适宜生长最低年降水量	数值型	6	适宜生长的最低降水量	mm
20	适宜生长最高年降水量	数值型	6	适宜生长的最高降水量	mm
21	适宜生长年均温下限	数值型			
22	适宜生长 0℃年积温下限	数值型			
23	适宜生长 5℃年积温下限	数值型			
24	适宜生长 10℃年积温下限	数值型			
25	适宜生长年均温上限	数值型			
26	适宜生长 0℃年积温上限	数值型			
27	适宜生长 5℃年积温上限	数值型			
28	适宜生长 10℃年积温上限	数值型			
29	无霜期	数值型			d
30	气候适宜性指数	数值型	6	气候适宜性指数	
31	土壤适宜性指数	数值型	6	土壤适宜性指数	

表 4-14　牧草引种数据库

序号	数据名称	数据类型	长度	说　明	备注
1	编号	整数	4	自动编号	
2	牧草名称	文本	20	牧草名称	
3	行政区名称	文本	30	该牧草适宜种植的行政区名称（按照不同行政区中该牧草适宜、次适宜、不适宜分布的面积，对行政区进行排序；如果 2 个行政区适宜性相同，则按照牧草在该区产量、经济指数排序）	
4	行政区代码	文本	6	适宜行政区代码	
5	适宜分布的面积比例	数值型	6	该牧草在该行政区适宜分布的面积比例	
6	次适宜分布的面积比例	数值型	6	该牧草在该行政区次适宜分布的面积比例	
7	平均产量	数值型	6	牧草在该行政区平均产量	kg/hm²
8	经济价值指数	数值型	6	牧草在该行政区经济价值指数	

表 4 - 15 牧草栽培管理数据库

序号	字段名称	数据类型	字段长度	字段说明	备注
1	编号	整数	4	自动编号	
2	牧草名称	文本	20	牧草名称	
3	牧草生产管理技术一般描述	备注	30	栽培特征、农艺措施、田间管理信息一般描述（对从整地、播种、牧草生产管理、收种生产管理、一般田间管理问题和病虫害防治做总结性论述）	
4	播种类型	文本	10	混播或单播，如混播一般混播草种和比例	
5	行距范围	文本	10	行播或条播	m
6	播深范围	文本	10	播深范围	cm
7	播量范围	文本	10	播量范围	
8	播种期肥料管理	备注	50	底肥和追肥量、类型等	
9	播种期水分管理	备注	50	播种前浇水与否、浇水量等	
10	播种期病虫草害预防处理手段	备注	30	病虫草害预防处理手段	
11	营养生长期管理	备注	30	营养生长期牧草生产管理措施、栽培技术（施肥、浇水、杂草防治、病虫害防治、刈割和收获管理的一般性经验内容；田间管理问题及其一般解决方案）	
12	生殖生长期管理	备注	30	种子生产管理、栽培技术（施肥、浇水、杂草防治、病虫害防治、刈割和收获管理的一般性经验内容；田间管理问题及其一般解决方案）	
13	种子收获和管理	备注			
14	刈割和收获管理	备注			

表 4 - 16 牧草虫害数据库

序号	数据名称	数据类型	长度	说 明	备注
1	编号	整数	4	自动编号	
2	牧草害虫名称	文本	16	害虫中文名称	
3	拉丁名	文本	50	害虫学名（拉丁名）	
4	别名	文本	50	害虫别名或俗名	
5	分类地位	文本	10	分类地位	
6	分布	备注		分布	
7	危害部位	文本	20	根、茎、叶、花、果实/穗、种子	
8	危害症状	备注	30	危害症状	
9	寄主	备注	30	生活史	
10	害虫种类	备注	30	害虫种类	
11	种类形态鉴别	备注	30	形态鉴别	
12	成虫	备注	30	成虫形态特征	
13	卵	备注	30	卵的形态	

(续)

序号	数据名称	数据类型	长度	说　明	备注
14	幼虫	备注	30	幼虫形态	
15	蛹	备注		蛹的形态	
16	年生活史	备注		生活史	
17	习性	备注		习性	
18	发生与环境关系	备注	30	害虫发生与环境的关系	
19	经济阈值	备注	30	预测预报	
20	防治措施	备注	10	防治决策（物理、化学、生物、其他）	

表 4 - 17　牧草病害数据库

序号	数据名称	数据类型	长度	说　明	备注
1	编号	整数	4	自动编号	
2	牧草病害名称	文本	20	病害中文名称	
3	病源学名	文本	10	病源学名	
4	简介	备注	30	简介	
5	病源形态	备注	30	病源形态	
6	寄主	备注	30	寄主	
7	分布	备注	30	分布	
8	危害部位	备注		危害部位	
9	危害症状	备注		危害症状	
10	病状	备注	30	病状	
11	病症	备注	30	病症	
12	发生规律	备注	30	发生规律	
13	防治方法	文本	250	防治方法和措施	

表 4 - 18　牧草水肥管理数据库

序号	数据名称	数据类型	长度	说　明	备注
1	编号	整数	4	自动编号	
2	牧草名称	字符	20	牧草名称	
3	牧草适宜生产地区	备注	50	分区域，如东北湿润区、黄淮海平原、内蒙古中部、黄土高原、西北干旱区、青藏高寒区、南方亚热带地区	
4	牧草生产区土壤信息	备注	10	牧草生产区土壤类型、土壤本身肥沃程度描述或数据	
5	施肥类型	备注	10	施肥类型	
6	牧草产量级	数值型	4	亩产干/鲜草 100kg、200kg、300kg、500kg、700kg、800kg、1 000kg	

（续）

序号	数据名称	数据类型	长度	说　明	备注
7	施肥量	数值型	4	达到此产量的施肥量	
8	需水量	数值型	10	达到此产量的需水量	
9	水—产量曲线	文本	250	如果有水—产量曲线，复印扫描后存储在一定路径下，在此处只需说明文件存储路径	

表 4 - 19　牧草适宜性分布数据库

序号	数据名称	数据类型	长度	说　明	备注
1	牧草名称	字符	10	牧草名称	
2	温度分布图路径	字符	250	路径/文件名	
3	水分分布图路径	字符	250	路径/文件名	
4	气候适宜性分布图路径	字符	250	路径/文件名	
5	土壤适宜性分布图路径	字符	250	路径/文件名	
6	综合种植适宜性分布图路径	字符	250	路径/文件名	
7	根据草地类型计算的分布图路径	字符	250	路径/文件名	
8	牧草引种图路径	字符	250	路径/文件名	

表 4 - 20　牧草审定品种数据库

序号	数据名称	数据类型	长度	说　明	备注
1	编号	整数	4	自动编号	
2	牧草品种名称	文本	20		
3	别名	文本	20	别名（中文）	
4	科	文本	10	科名（中文/拉丁）	
5	属	文本	10	属名（中文）	
6	种	文本	10	种名（中文）	
7	品种中文名	文本	10	种名（中文）	
8	品种英文名	文本	10	种名（英文）	
9	品种学名（拉丁名）	文本	10	学名（拉丁名）	
10	品种介绍	备注		包括该品种类型（育成品种、野生栽培品种、地方品种）、基本描述、申报单位/人和日期、基础原种保留等	
11	适宜生境和分布	备注		适宜生境和适宜分布地区	
12	生命周期	文本	20	一年生、越年生、多年生等	
13	播种材料	文本	20	营养体、种子、营养体和种子两者都包括	

表 4-21 引进牧草品种数据库

序号	数据名称	数据类型	长度	说 明	备注
1	编号	整数	4	自动编号	
2	品种名称	文本	20		
3	别名	文本	20	别名（中文）	
4	引进国别	备注		引进国别	
5	科	文本	10	科名（中文/拉丁名）	
6	属	文本	10	属名（中文）	
7	种	文本	10	种名（中文）	
8	品种中文名	文本	10	种名（中文）	
9	品种英文名	文本	10	种名（英文）	
10	品种学名（拉丁名）	文本	10	学名（拉丁名）	
11	基本描述	备注		草种基本描述	
12	适宜生境	备注		适宜生境	
13	生命周期	文本	20	一年生、越年生、多年生等	
14	播种材料	文本	20	营养体、种子、营养体和种子两者都包括	

表 4-22 牧草物候数据库

序号	数据名称	数据类型	长度	说 明	备注
1	ID	整数	4	自动编号	
2	牧草名称	字符	20	牧草中文名称	
3	种植地区	备注	10	分区域，如东北湿润区、黄淮海平原、内蒙古中部、黄土高原、西北干旱区、青藏高寒区、南方亚热带地区	
4	全生育期天数	整数	2	全生育期天数	
5	出苗期天数	整数	2	出苗期天数	
6	营养生长期天数	整数	3	出齐苗到抽穗的平均天数	
7	生殖生长期天数	整数	3	抽穗后到种子成熟的平均天数	
8	枯黄时间	字符	10	枯黄时间（月份）	
9	多年生草种返青时间	字符	10	多年生草种返青时间（月份）	
10	适用播种期	字符	10	适用播种期（月份）	
11	出苗期	字符	10	出苗期（月份）	
12	营养生长期	字符	10	营养生长期	
13	生殖生长期	字符	10	生殖生长期	
14	成熟期	字符	10	成熟期	

表 4 - 23　牧草化肥信息数据库

序号	字段名称	数据类型	字段长度	字段说明	备注
1	名称	字符	16	化肥名称	
2	通用名	字符	16	化肥通用名	
3	化学名	字符	16	化肥化学名	
4	别名	字符	16	化肥别名	
5	分子式	字符	16	分子式	
6	分子量	数值型	7	分子量	
7	性状	字符	50	性状	
8	用途用量	字符	50	使用方法如用途用量	
9	作用特点	字符	50	作用特点	
10	注意事项	字符	50	使用注意事项	
11	剂型	字符	16	剂型，如粉剂、烟剂、悬浮剂等	
12	厂家/商品名/登记证号	字符	50	厂家、商品名、登记证号	

五、草业生产经济数据库结构和内容

草业生产经济数据库包括草种价格、牧草产品价格、中国草业经济、世界草业经济、草坪草品种信息、草坪病害、草坪虫害、牧草产品进出口、草业机械信息、草业科研与人才信息等数据库。草业生产经济数据库见表 4 - 24～表 4 - 33。

表 4 - 24　草种价格数据库

序号	数据名称	数据类型	长度	说　明	备注
1	编号	整数			
2	牧草名称	字符	20	牧草名称	
3	品种英文名称	字符	20	品种英文名称	
4	品种中文名称	字符	20	品种中文名称	
5	种子来源（公司名）	字符	20	种子来源（公司名）	
6	种子级别	字符	10	种子级别	
7	原产地	字符	30	品种原产地	
8	质量标准（纯净度）	数值型		质量标准（纯净度）	
9	质量标准（发芽率）	数值型		质量标准（发芽率）	
10	种子特征	字符	50	种子特征	
11	种子特性（休眠级）	字符	10	种子特性（休眠级）	
12	种子批发价格	数值型		种子价格（元/kg）	
13	播种量	数值型		kg/亩	
14	包装	数值型		kg/袋	
15	种子零售价格	数值型		种子零售价格	
16	销售地区	字符	50	销售地区	
17	销售年份	数值型		销售年份	

表 4-25　牧草产品价格数据

序号	数据名称	数据类型	长度	说　明	备注
1	编号	整数			
2	牧草名称	字符	20	牧草名称	
3	销售地区	字符	50	销售地区	
4	销售年份	日期型	8	销售年份	
5	牧草产品来源	字符	30	公司名	
6	草产品类型	字符	30	草产品类型	
7	牧草产品级别	字符	10	牧草级别	
8	牧草产品特征	字符	50	如营养等	
9	牧草产品批发价格	数值型		元/kg	
10	牧草产品零售价	数值型		元/kg	
11	干草价格	数值型		元/kg	
12	草捆价格	数值型		元/kg	
13	草粉价格	数值型		元/kg	
14	草颗粒价格	数值型		元/kg	

表 4-26　中国草业经济数据库

序号	数据名称	数据类型	长度	字段说明
1	行政区名称	字符	20	省名
2	行政区代码	字符	6	行政区代码
3	年份	整数	6	年份
4	食品消费价格指数	数值型	10	居民消费价格分类指数：食品
5	粮食消费价格指数	数值型	10	居民消费价格分类指数：粮食
6	大米消费价格指数	数值型	10	居民消费价格分类指数：大米
7	面粉消费价格指数	数值型	10	居民消费价格分类指数：面粉
8	细粮消费价格指数	数值型	10	居民消费价格分类指数：细粮
9	粗粮消费价格指数	数值型	10	居民消费价格分类指数：粗粮
10	淀粉及薯类消费价格指数	数值型	10	居民消费价格分类指数：淀粉及薯类
11	干豆类制品消费价格指数	数值型	10	居民消费价格分类指数：干豆类及豆制品
12	油脂消费价格指数	数值型	10	居民消费价格分类指数：油脂
13	植物油脂消费价格指数	数值型	10	居民消费价格分类指数：植物油脂
14	肉禽制品消费价格指数	数值型	10	居民消费价格分类指数：肉禽及其制品
15	食用畜肉及副产品消费价格指数	数值型	10	居民消费价格分类指数：食用畜肉及副产品
16	猪肉消费价格指数	数值型	10	居民消费价格分类指数：猪肉
17	牛肉消费价格指数	数值型	10	居民消费价格分类指数：牛肉
18	羊肉消费价格指数	数值型	10	居民消费价格分类指数：羊肉
19	禽消费价格指数	数值型	10	居民消费价格分类指数：禽

（续）

序号	数据名称	数据类型	长度	字段说明
20	肉禽加工制品消费价格指数	数值型	10	居民消费价格分类指数：肉禽加工制品
21	肉禽蛋消费价格指数	数值型	10	居民消费价格分类指数：肉禽蛋
22	蛋消费价格指数	数值型	10	居民消费价格分类指数：蛋
23	奶及奶制品消费价格指数	数值型	10	居民消费价格分类指数：奶及奶制品
24	鲜奶消费价格指数	数值型	10	居民消费价格分类指数：鲜奶
25	奶粉消费价格指数	数值型	10	居民消费价格分类指数：奶粉
26	粮食收购价格指数	数值型	10	农产品收购价格分类指数：粮食
27	小麦收购价格指数	数值型	10	农产品收购价格分类指数：小麦
28	大米收购价格指数	数值型	10	农产品收购价格分类指数：大米
29	玉米收购价格指数	数值型	10	农产品收购价格分类指数：玉米
30	高粱收购价格指数	数值型	10	农产品收购价格分类指数：高粱
31	黄豆收购价格指数	数值型	10	农产品收购价格分类指数：黄豆
32	经济作物收购价格指数	数值型	10	农产品收购价格分类指数：经济作物
33	食用植物油类收购价格指数	数值型	10	农产品收购价格分类指数：食用植物油及农产品收购价格分类指数：油料
34	禽畜产品收购价格指数	数值型	10	农产品收购价格分类指数：禽畜产品
35	肉畜收购价格指数	数值型	10	农产品收购价格分类指数：肉畜
36	肥猪收购价格指数	数值型	10	农产品收购价格分类指数：肥猪
37	禽蛋收购价格指数	数值型	10	农产品收购价格分类指数：禽蛋
38	皮张收购价格指数	数值型	10	农产品收购价格分类指数：皮张
39	鬃毛收购价格指数	数值型	10	农产品收购价格分类指数：鬃毛
40	小农具生产资料价格指数	数值型	10	农业生产资料价格分类指数：小农具
41	饲料生产资料价格指数	数值型	10	农业生产资料价格分类指数：饲料
42	幼禽家畜生产资料价格指数	数值型	10	农业生产资料价格分类指数：幼禽家畜
43	大牲畜生产资料价格指数	数值型	10	农业生产资料价格分类指数：大牲畜
44	半机械化农具生产资料价格指数	数值型	10	农业生产资料价格分类指数：半机械化农具
45	机械化农具生产资料价格指数	数值型	10	农业生产资料价格分类指数：机械化农具
46	化学肥料生产资料价格指数	数值型	10	农业生产资料价格分类指数：化学肥料
47	农药及农药械生产资料价格指数	数值型	10	农业生产资料价格分类指数：农药及农药械
48	化学农药生产资料价格指数	数值型	10	农业生产资料价格分类指数：化学农药
49	农药械生产资料价格指数	数值型	10	农业生产资料价格分类指数：农药械
50	农机用油生产资料价格指数	数值型	10	农业生产资料价格分类指数：农机用油
51	农村牧区居民家庭总收入	数值型	10	农村牧区居民家庭基本情况：总收入（万元/年）
52	农村牧区居民家庭可支配收入	数值型	10	农村牧区居民家庭基本情况：可支配收入（万元/年）
53	农村牧区居民家庭纯收入	数值型	10	农村牧区居民家庭基本情况：纯收入（万元/年）
54	农村牧区居民家庭现金收入	数值型	10	农村牧区居民家庭基本情况：现金收入（万元/年）

（续）

序号	数据名称	数据类型	长度	字段说明
55	农村牧区居民家庭总收入	数值型	10	农村牧区居民家庭基本情况：总收入（万元/年）
56	农村牧区居民家庭可支配收入	数值型	10	农村牧区居民家庭基本情况：可支配收入（万元/年）
57	农村牧区居民家庭纯收入	数值型	10	农村牧区居民家庭基本情况：纯收入（万元/年）
58	农村牧区居民家庭现金收入	数值型	10	农村牧区居民家庭基本情况：现金收入（万元/年）
59	牧民家庭总收入	数值型	10	牧民家庭基本情况：总收入（万元/年）
60	牧民家庭可支配收入	数值型	10	牧民家庭基本情况：可支配收入（万元/年）
61	牧民家庭纯收入	数值型	10	牧民家庭基本情况：纯收入（万元/年）
62	牧民家庭现金收入	数值型	10	牧民家庭基本情况：现金收入（万元/年）
63	粮食单产	数值型	10	粮食单产（kg/hm^2）
64	谷物单产	数值型	10	谷物单产（kg/hm^2）
65	稻谷单产	数值型	10	稻谷单产（kg/hm^2）
66	小麦单产	数值型	10	小麦单产（kg/hm^2）
67	玉米单产	数值型	10	玉米单产（kg/hm^2）
68	高粱单产	数值型	10	高粱单产（kg/hm^2）
69	谷子单产	数值型	10	谷子单产（kg/hm^2）
70	莜麦单产	数值型	10	莜麦单产（kg/hm^2）
71	糜子单产	数值型	10	糜子单产（kg/hm^2）
72	荞麦单产	数值型	10	荞麦单产（kg/hm^2）
73	豆类单产	数值型	10	豆类单产（kg/hm^2）
74	大豆单产	数值型	10	大豆单产（kg/hm^2）
75	薯类单产	数值型	10	薯类单产（kg/hm^2）
76	油料单产	数值型	10	油料单产（kg/hm^2）
77	葵花籽单产	数值型	10	葵花籽单产（kg/hm^2）
78	油菜籽单产	数值型	10	油菜籽单产（kg/hm^2）
79	胡麻籽单产	数值型	10	胡麻籽单产（kg/hm^2）
80	甜菜单产	数值型	10	甜菜单产（kg/hm^2）
81	棉花单产	数值型	10	棉花单产（kg/hm^2）
82	麻类单产	数值型	10	麻类单产（kg/hm^2）
83	蔬菜单产	数值型	10	蔬菜单产（kg/hm^2）
84	瓜类单产	数值型	10	瓜类（果用瓜）单产（kg/hm^2）
85	水果单产	数值型	10	水果单产（kg/hm^2）
86	粮食种植面积	数值型	10	粮食种植面积（hm^2）
87	谷物种植面积	数值型	10	谷物种植面积（hm^2）
88	稻谷种植面积	数值型	10	稻谷种植面积（hm^2）
89	小麦种植面积	数值型	10	小麦种植面积（hm^2）
90	玉米种植面积	数值型	10	玉米种植面积（hm^2）

（续）

序号	数据名称	数据类型	长度	字段说明
91	高粱种植面积	数值型	10	高粱种植面积（hm²）
92	谷子种植面积	数值型	10	谷子种植面积（hm²）
93	莜麦种植面积	数值型	10	莜麦种植面积（hm²）
94	糜子种植面积	数值型	10	糜子种植面积（hm²）
95	荞麦种植面积	数值型	10	荞麦种植面积（hm²）
96	豆类种植面积	数值型	10	豆类种植面积（hm²）
97	大豆种植面积	数值型	10	大豆种植面积（hm²）
98	薯类种植面积	数值型	10	薯类种植面积（hm²）
99	油料种植面积	数值型	10	油料种植面积（hm²）
100	葵花籽种植面积	数值型	10	葵花籽种植面积（hm²）
101	油菜籽种植面积	数值型	10	油菜籽种植面积（hm²）
102	胡麻籽种植面积	数值型	10	胡麻籽种植面积（hm²）
103	甜菜种植面积	数值型	10	甜菜种植面积（hm²）
104	棉花种植面积	数值型	10	棉花种植面积（hm²）
105	麻类种植面积	数值型	10	麻类种植面积（hm²）
106	蔬菜种植面积	数值型	10	蔬菜种植面积（hm²）
107	瓜类种植面积	数值型	10	瓜类（果用瓜）种植面积（hm²）
108	水果种植面积	数值型	10	水果种植面积（hm²）
109	造林面积	数值型	10	当年造林面积（万 hm²）
110	用材林面积	数值型	10	当年造用材林面积（万 hm²）
111	经济林面积	数值型	10	当年造经济林面积（万 hm²）
112	防护林面积	数值型	10	当年造防护林面积（万 hm²）
113	农田防护林面积	数值型	10	当年造农田防护林面积（万 hm²）
114	薪炭林面积	数值型	10	当年造薪炭林面积（万 hm²）
115	其他林面积	数值型	10	当年造其他林面积（万 hm²）
116	飞机播种面积	数值型	10	在当年造林面积中飞机播种面积（万 hm²）
117	草场面积	数值型	10	草场面积（万 hm²）
118	承包到户草场面积	数值型	10	承包到户草场面积（万 hm²）
119	草库伦面积	数值型	10	草库伦面积（围栏草面积）（万 hm²）
120	新增草场面积	数值型	10	当年新增草场面积（万 hm²）
121	人工种草保有面积	数值型	10	人工种草保有面积（万 hm²）
122	种草面积	数值型	10	当年种草面积（万 hm²）
123	飞机播种草场面积	数值型	10	飞机播种草场面积（万 hm²）
124	草场打草量	数值型	10	当年草场打草量（万 t）
125	畜棚数	数值型	10	现有畜棚数（万间）
126	畜棚面积	数值型	10	畜棚面积（万 m²）

（续）

序号	数据名称	数据类型	长度	字段说明
127	每平方米畜棚拥有牲畜数	数值型	10	每平方米畜棚拥有牲畜数（只/m²）
128	畜圈数	数值型	10	现有畜圈数（万座）
129	畜圈面积	数值型	10	畜圈面积（万m²）
130	每平方米畜圈拥有牲畜数	数值型	10	每平方米畜圈拥有牲畜数（只/m²）
131	草原利用率	数值型	10	草原利用率（%）
132	可利用草原载畜量	数值型	10	可利用草原载畜量（只/万hm²）
133	大牲畜年末存栏	数值型	10	大牲畜年末存栏（万只）
134	大牲畜年中存栏	数值型	10	大牲畜年中存栏（万只）
135	羊年末存栏	数值型	10	羊年末存栏（万只）
136	羊年中存栏	数值型	10	羊年中存栏（万只）
137	猪年末存栏	数值型	10	猪年末存栏（万只）
138	猪年中存栏	数值型	10	猪年中存栏（万只）
139	牛年末存栏	数值型	10	牛年末存栏（万只）
140	牛年中存栏	数值型	10	牛年中存栏（万只）
141	马年末存栏	数值型	10	马年末存栏（万只）
142	马年中存栏	数值型	10	马年中存栏（万只）
143	驴年末存栏	数值型	10	驴年末存栏（万只）
144	驴年中存栏	数值型	10	驴年中存栏（万只）
145	骡年末存栏	数值型	10	骡年末存栏（万只）
146	骡年中存栏	数值型	10	骡年中存栏（万只）
147	骆驼年末存栏	数值型	10	骆驼年末存栏（万只）
148	骆驼年中存栏	数值型	10	骆驼年中存栏（万只）
149	绵羊年末存栏	数值型	10	绵羊年末存栏（万只）
150	绵羊年中存栏	数值型	10	绵羊年中存栏（万只）
151	山羊年末存栏	数值型	10	山羊年末存栏（万只）
152	山羊年中存栏	数值型	10	山羊年中存栏（万只）
153	大牲畜繁殖率	数值型	10	大牲畜繁殖率（%）
154	大牲畜子畜成活率	数值型	3	大牲畜子畜成活率（%）
155	大牲畜出栏率	数值型	3	大牲畜出栏率（%）
156	大牲畜商品率	数值型	3	大牲畜商品率（%）
157	大牲畜死亡率	数值型	3	大牲畜死亡率（%）
158	大牲畜自宰自食头数	数值型	10	大牲畜自宰自食头数（万只）
159	羊繁殖率	数值型	3	羊繁殖率（%）
160	羊子畜成活率	数值型	3	羊子畜成活率（%）
161	羊出栏率	数值型	3	羊出栏率（%）
162	羊商品率	数值型	3	羊商品率（%）

（续）

序号	数据名称	数据类型	长度	字段说明
163	羊死亡率	数值型	3	羊死亡率（%）
164	羊自宰自食头数	数值型	10	羊自宰自食头数（万只）
165	山羊繁殖率	数值型	3	山羊繁殖率（%）
166	山羊子畜成活率	数值型	3	山羊子畜成活率（%）
167	山羊出栏率	数值型	3	山羊出栏率（%）
168	山羊商品率	数值型	3	山羊商品率（%）
169	山羊死亡率	数值型	3	山羊死亡率（%）
170	山羊自宰自食头数	数值型	10	山羊自宰自食头数（万只）
171	骆驼繁殖率	数值型	3	骆驼繁殖率（%）
172	骆驼子畜成活率	数值型	3	骆驼子畜成活率（%）
173	骆驼出栏率	数值型	3	骆驼出栏率（%）
174	骆驼商品率	数值型	3	骆驼商品率（%）
175	骆驼死亡率	数值型	3	骆驼死亡率（%）
176	骆驼自宰自食头数	数值型	10	骆驼自宰自食头数（万只）
177	绵羊繁殖率	数值型	3	绵羊繁殖率（%）
178	绵羊子畜成活率	数值型	3	绵羊子畜成活率（%）
179	绵羊出栏率	数值型	3	绵羊出栏率（%）
180	绵羊商品率	数值型	3	绵羊商品率（%）
181	绵羊死亡率	数值型	3	绵羊死亡率（%）
182	绵羊自宰自食头数	数值型	10	绵羊自宰自食头数（万只）
183	猪繁殖率	数值型	3	猪繁殖率（%）
184	猪子畜成活率	数值型	3	猪子畜成活率（%）
185	猪出栏率	数值型	3	猪出栏率（%）
186	猪商品率	数值型	3	猪商品率（%）
187	猪死亡率	数值型	3	猪死亡率（%）
188	猪自宰自食头数	数值型	10	猪自宰自食头数（万只）
189	驴繁殖率	数值型	3	驴繁殖率（%）
190	驴子畜成活率	数值型	3	驴子畜成活率（%）
191	驴出栏率	数值型	3	驴出栏率（%）
192	驴商品率	数值型	3	驴商品率（%）
193	驴死亡率	数值型	3	驴死亡率（%）
194	驴自宰自食头数	数值型	10	驴自宰自食头数（万只）
195	牛繁殖率	数值型	3	牛繁殖率（%）
196	牛繁殖成活率	数值型	3	牛繁殖成活率（%）
197	牛出栏率	数值型	3	牛出栏率（%）
198	牛商品率	数值型	3	牛商品率（%）

（续）

序号	数据名称	数据类型	长度	字段说明
199	牛死亡率	数值型	3	牛死亡率（%）
200	牛自宰自食头数	数值型	10	牛自宰自食头数（万只）
201	马繁殖率	数值型	3	马繁殖率（%）
202	马子畜成活率	数值型	3	马子畜成活率（%）
203	马出栏率	数值型	3	马出栏率（%）
204	马商品率	数值型	3	马商品率（%）
205	马死亡率	数值型	3	马死亡率（%）
206	马自宰自食头数	数值型	10	马自宰自食头数（万只）
207	骡繁殖率	数值型	3	骡繁殖率（%）
208	骡子畜成活率	数值型	3	骡子畜成活率（%）
209	骡出栏率	数值型	3	骡出栏率（%）
210	骡商品率	数值型	3	骡商品率（%）
211	骡死亡率	数值型	3	骡死亡率（%）
212	骡自宰自食头数	数值型	10	骡自宰自食头数（万只）

表 4 - 27　世界草业经济数据库

序号	字段名称	数据类型	长度	字段说明
1	行政区名称	字符	20	国别
2	行政区代码	字符	6	行政区代码
3	年份	整数	4	年份
4	粮食总产量	数值型	10	粮食总产量（万 t）
5	畜产品总产量	数值型	10	畜产品总产量（万 t）
6	人均畜产品产量	数值型	10	人均畜产品产量（kg）
7	马存栏	数值型	10	马存栏（万只）
8	骡存栏	数值型	10	骡存栏（万只）
9	驴存栏	数值型	10	驴存栏（万只）
10	牛存栏	数值型	10	牛存栏（万只）
11	水牛存栏	数值型	10	水牛存栏（万只）
12	骆驼存栏	数值型	10	骆驼存栏（万只）
13	猪绵羊存栏	数值型	10	猪绵羊存栏（万只）
14	绵羊存栏	数值型	10	绵羊存栏（万只）
15	山羊存栏	数值型	10	山羊存栏（万只）
16	鸡存栏	数值型	10	鸡存栏（万只）
17	鸭存栏	数值型	10	鸭存栏（万只）
18	火鸡存栏	数值型	10	火鸡存栏（万只）

（续）

序号	字段名称	数据类型	长度	字段说明
19	牛肉和小牛肉屠宰数	数值型	10	牛肉和小牛肉屠宰数（万只）
20	牛肉和小牛肉胴体重	数值型	10	牛肉和小牛肉胴体重（kg）
21	牛肉和小牛肉产量	数值型	10	牛肉和小牛肉产量（万t）
22	水牛肉屠宰数	数值型	10	水牛肉屠宰数（万只）
23	水牛肉胴体重	数值型	10	水牛肉胴体重（kg）
24	水牛肉产量	数值型	10	水牛肉产量（万t）
25	羊肉和小羊肉屠宰数	数值型	10	羊肉和小羊肉屠宰数（万只）
26	羊肉和小羊肉胴体重	数值型	10	羊肉和小羊肉胴体重（kg）
27	羊肉和小羊肉产量	数值型	10	羊肉和小羊肉产量（万t）
28	山羊肉屠宰数	数值型	10	山羊肉屠宰数（万只）
29	山羊肉胴体重	数值型	10	山羊肉胴体重（kg）
30	山羊肉产量	数值型	10	山羊肉产量（万t）
31	猪肉屠宰数	数值型	10	猪肉屠宰数（万只）
32	猪肉胴体重	数值型	10	猪肉胴体重（kg）
33	猪肉产量	数值型	10	猪肉产量（万t）
34	马肉产量	数值型	10	马肉产量（万t）
35	禽肉产量	数值型	10	禽肉产量（万t）
36	肉类总计	数值型	10	肉类总计（万t）
37	牛肉与水牛肉	数值型	10	牛肉与水牛肉（万t），本国的
38	羊肉与山牛肉	数值型	10	羊肉与山牛肉（万t），本国的
39	猪肉	数值型	10	猪肉（万t），本国的
40	全脂鲜奶奶畜	数值型	10	全脂鲜奶奶畜（万只）
41	全脂鲜奶单产	数值型	10	全脂鲜奶单产（kg/只）
42	全脂鲜奶产量	数值型	10	全脂鲜奶产量（万t）
43	水牛奶产量	数值型	10	水牛奶产量（万t）
44	绵羊奶产量	数值型	10	绵羊奶产量（万t）
45	山羊奶产量	数值型	10	山羊奶产量（万t）
46	全脂奶粉产量	数值型	10	全脂奶粉产量（万t）
47	脱脂奶粉和黄油奶水产量	数值型	10	脱脂奶粉和黄油奶水产量（万t）
48	干乳清产量	数值型	10	干乳清产量（万t）
49	生丝和废丝产量	数值型	10	生丝和废丝产量（万t）
50	原毛产量	数值型	10	原毛产量（万t）
51	洗净毛产量	数值型	10	洗净毛产量（万t）
52	生黄牛皮和水牛皮产量	数值型	10	生黄牛皮和水牛皮产量（万t）
53	生绵羊皮产量	数值型	10	生绵羊皮产量（万t）
54	生山羊皮产量	数值型	10	生山羊皮产量（万t）

（续）

序号	字段名称	数据类型	长度	字段说明
55	农产品进口总量	数值型	10	农产品进口总量（万t）
56	农产品进口总额	数值型	10	农产品进口总额（万元）
57	农产品出口总量	数值型	10	农产品出口总量（万t）
58	农产品出口总额	数值型	10	农产品出口总额（万元）
59	牛进口总量	数值型	10	牛进口总量（万t）
60	牛进口总额	数值型	10	牛进口总额（万元）
61	牛出口总量	数值型	10	牛出口总量（万t）
62	牛出口总额	数值型	10	牛出口总额（万元）
63	绵羊和山羊进口总量	数值型	10	绵羊和山羊进口总量（万t）
64	绵羊和山羊进口总额	数值型	10	绵羊和山羊进口总额（万元）
65	绵羊和山羊出口总量	数值型	10	绵羊和山羊出口总量（万t）
66	绵羊和山羊出口总额	数值型	10	绵羊和山羊出口总额（万元）
67	猪进口总量	数值型	10	猪进口总量（万t）
68	猪进口总额	数值型	10	猪进口总额（万元）
69	猪出口总量	数值型	10	猪出口总量（万t）
70	猪出口总额	数值型	10	猪出口总额（万元）
71	各种肉进口总量	数值型	10	新鲜、冷冻和速冻进口总量（万t）
72	各种肉进口总额	数值型	10	新鲜、冷冻和速冻进口总额（万元）
73	各种肉出口总量	数值型	10	新鲜、冷冻和速冻出口总量（万t）
74	各种肉出口总额	数值型	10	新鲜、冷冻和速冻出口总额（万元）
75	各种牛肉进口总量	数值型	10	新鲜、冷冻和速冻进口总量（万t）
76	各种牛肉进口总额	数值型	10	新鲜、冷冻和速冻进口总额（万元）
77	各种牛肉出口总量	数值型	10	新鲜、冷冻和速冻出口总量（万t）
78	各种牛肉出口总额	数值型	10	新鲜、冷冻和速冻出口总额（万元）
79	各种绵羊和山羊肉进口总量	数值型	10	新鲜、冷冻和速冻进口总量（万t）
80	各种绵羊和山羊肉进口总额	数值型	10	新鲜、冷冻和速冻进口总额（万元）
81	各种绵羊和山羊肉出口总量	数值型	10	新鲜、冷冻和速冻出口总量（万t）
82	各种绵羊和山羊肉出口总额	数值型	10	新鲜、冷冻和速冻出口总额（万元）
83	各种猪肉进口总量	数值型	10	新鲜、冷冻和速冻进口总量（万t）
84	各种猪肉进口总额	数值型	10	新鲜、冷冻和速冻进口总额（万元）
85	各种猪肉出口总量	数值型	10	新鲜、冷冻和速冻出口总量（万t）
86	各种猪肉出口总额	数值型	10	新鲜、冷冻和速冻出口总额（万元）
87	各种家禽肉进口总量	数值型	10	新鲜、冷冻和速冻进口总量（万t）
88	各种家禽肉进口总额	数值型	10	新鲜、冷冻和速冻进口总额（万元）
89	各种家禽肉出口总量	数值型	10	新鲜、冷冻和速冻出口总量（万t）
90	各种家禽肉出口总额	数值型	10	新鲜、冷冻和速冻出口总额（万元）

（续）

序号	字段名称	数据类型	长度	字段说明
91	各种马肉、驴肉、骡肉进口总量	数值型	10	新鲜、冷冻和速冻进口总量（万 t）
92	各种马肉、驴肉、骡肉进口总额	数值型	10	新鲜、冷冻和速冻进口总额（万元）
93	各种马肉、驴肉、骡肉出口总量	数值型	10	新鲜、冷冻和速冻出口总量（万 t）
94	各种马肉、驴肉、骡肉出口总额	数值型	10	新鲜、冷冻和速冻出口总额（万元）
95	各种马肉进口总量	数值型	10	新鲜、冷冻和速冻进口总量（万 t）
96	各种马肉进口总额	数值型	10	新鲜、冷冻和速冻进口总额（万元）
97	各种马肉出口总量	数值型	10	新鲜、冷冻和速冻出口总量（万 t）
98	各种马肉出口总额	数值型	10	新鲜、冷冻和速冻出口总额（万元）
99	各种驴肉进口总量	数值型	10	新鲜、冷冻和速冻进口总量（万 t）
100	各种驴肉进口总额	数值型	10	新鲜、冷冻和速冻进口总额（万元）
101	各种驴肉出口总量	数值型	10	新鲜、冷冻和速冻出口总量（万 t）
102	各种驴肉出口总额	数值型	10	新鲜、冷冻和速冻出口总额（万元）
103	各种驴骡肉进口总量	数值型	10	新鲜、冷冻和速冻进口总量（万 t）
104	各种驴骡肉进口总额	数值型	10	新鲜、冷冻和速冻进口总额（万元）
105	各种驴骡肉出口总量	数值型	10	新鲜、冷冻和速冻出口总量（万 t）
106	各种驴骡肉出口总额	数值型	10	新鲜、冷冻和速冻出口总额（万元）
107	肉制品	数值型	10	肉制品（万 t）
108	各种奶制品进口总额	数值型	10	浓缩乳炼乳、炼乳、奶粉与鲜奶进口总额（万元）
109	各种奶制品进口总量	数值型	10	浓缩乳炼乳、炼乳、奶粉与鲜奶进口总量（万 t）
110	各种奶制品出口总额	数值型	10	浓缩乳炼乳、炼乳、奶粉与鲜奶出口总额（万元）
111	各种奶制品出口总量	数值型	10	浓缩乳炼乳、炼乳、奶粉与鲜奶出口总量（万 t）
112	带脂羊毛进口总额	数值型	10	带脂羊毛进口总额（万元）
113	带脂羊毛进口总量	数值型	10	带脂羊毛进口总量（万 t）
114	带脂羊毛出口总额	数值型	10	带脂羊毛出口总额（万元）
115	带脂羊毛出口总量	数值型	10	带脂羊毛出口总量（万 t）
116	脱脂羊毛进口总额	数值型	10	脱脂羊毛进口总额（万元）
117	脱脂羊毛进口总量	数值型	10	脱脂羊毛进口总量（万 t）
118	脱脂羊毛出口总额	数值型	10	脱脂羊毛出口总额（万元）
119	脱脂羊毛出口总量	数值型	10	脱脂羊毛出口总量（万 t）

表 4 - 28 草坪草品种信息数据库

序号	数据名称	数据类型	长度	说 明	备注
1	编号	整数	4	自动编号	
2	草种名称	文本	20		
3	别名	文本	20	别名（中文）	
4	草种基本描述	备注		草种基本描述	

（续）

序号	数据名称	数据类型	长度	说　　明	备注
5	科	文本	10	科名（中文/拉丁名）	
6	属	文本	10	属名（中文）	
7	种中文名	文本	10	种名（中文）	
8	种英文名	文本	10	种名（英文）	
9	种学名（拉丁名）	文本	10	学名（拉丁名）	
10	草种类型	文本	20	草种类型：冷季型、暖季型	
11	品种介绍	备注		包括该草种主要品种、类型（育成品种、野生栽培品种、引进品种、地方品种）、申报单位/人和日期、基础原种保留等	
12	适宜生境和分布	备注		适宜生境和适宜分布地区	
13	生命周期	文本	20	一年生、越年生、多年生等	
14	播种材料	文本	20	营养体、种子、营养体和种子都包括	
15	生长特点	文本	20	直立型、匍匐型、半直立型等	
16	根系	文本	20	直根系、须根系等	
17	株丛	文本	20	疏丛型、密丛型等	
18	新枝生长点	文本	20	顶端、根颈、匍匐茎、地下茎、腋芽	

表 4-29　草坪病害数据库

序号	数据名称	数据类型	长度	说明	备注
1	编号	整数	4	自动编号	
2	病害名称	文本	20	病害中文名称	
3	病源学名	文本	10	病源学名	
4	简介	备注	30	简介	
5	病源形态	备注	30	病源形态	
6	寄主	备注	30	寄主	
7	分布	备注	30	分布	
8	危害部位	备注		危害部位	
9	危害症状	备注		危害症状	
10	病状	备注	30	病状	
11	病症	备注	30	病症	
12	发生规律	备注	30	发生规律	
13	防治方法	文本	250	防治方法和措施	

表 4 - 30　草坪虫害数据库

序号	数据名称	数据类型	长度	说　明	备注
1	编号	整数	4	自动编号	
2	害虫名称	文本	16	害虫中文名称	
3	拉丁名	文本	50	害虫学名（拉丁名）	
4	别名	文本	50	害虫别名或俗名	
5	分类地位	文本	10	分类地位	
6	分布	备注		分布	
7	危害部位	文本	20	根、茎、叶、花、果实/穗、种子	
8	危害症状	备注	30	危害症状	
9	寄主	备注	30	寄主	
10	害虫种类	备注	30	种类	
11	种类形态鉴别	备注	30	形态鉴别	
12	成虫	备注	30	成虫形态特征	
13	卵	备注	30	卵的形态	
14	幼虫	备注	30	幼虫的形态	
15	蛹	备注	30	蛹的形态	
16	年生活史	备注		生活史	
17	习性	备注		习性	
18	发生与环境关系	备注	30	害虫发生与环境的关系	
19	经济阈值	备注	30	预测预报	
20	防治措施	备注	10	防治决策（物理、化学、生物、其他）	

表 4 - 31　牧草产品进出口数据库

序号	数据名称	数据类型	长度	说　明	备注
1	编号	字符	10	编号	
2	牧草名称	字符	20	牧草名称	
3	行政区名称	字符	30	国别	
4	行政区编码	字符	6	行政区编码	
5	年份	数值型	8	年份	
6	种子进口额	数值型	8	元/kg	
7	种子出口额	数值型	8	元/kg	
8	种子进口量	数值型	8	t	
9	种子出口量	数值型	8	t	
10	草产品进口额	数值型	8	干草、草粉、草颗粒进口额（元/kg）	
11	草产品出口额	数值型	8	干草、草粉、草颗粒出口额（元/kg）	
12	草产品进口量	数值型	8	干草、草粉、草颗粒进口量（t）	
13	草产品出口量	数值型	8	干草、草粉、草颗粒出口量（t）	

表 4 - 32 草业机械信息数据库

序号	数据名称	数据类型	长度	说　明	备注
1	名称	字符	16	机械名称	
2	厂家/登记证号	字符	50	厂家、商品名、登记证号	
3	型号	字符	50		
4	产地	字符	50		
5	技术指标	字符	50	机械达到的技术指标	
6	年份	整型	4		
7	价格	数值型	8		

表 4 - 33 草业科研与人才信息数据库

序号	数据名称	数据类型	长度	说　明	备注
1	人员名称	字符	16	科研人才名称	
2	所在单位	字符	50		
3	专业特长	字符	50		
4	从事职业	字符	50		
5	电子邮件	字符	20		
6	联系地址	字符	30		
7	联系电话	字符	16		

六、草原区生态背景数据库

1. 概述　草原区生态背景数据库以空间数据为主，空间数据格式的投影系统采用 Albers 等面积投影为基础地图投影为主，也可以兼容无投影的地图数据（经纬度空间数据）的地图投影方式。

参考球体（Ellipsoid）：Krasovsky 1940

中央经线：东经 105°

双标准纬线：北纬 25°和北纬 47°

原点基准：赤道（0°）

单位：m

2. 生态背景数据库　草原区生态背景数据库包括 5 个图层：行政区气候资源图、行政区土壤资源图、行政区地形图、行政区草地资源图、行政区耕地资源图（表 4 - 34~表 4 - 38），SHAPE 格式，面状要素。

表 4 - 34 行政区气候资源图属性字段说明

序号	数据名称	数据类型	长度	字段说明
1	行政区名称	字符	50	行政区名称
2	行政区代码	字符	6	行政区代码

（续）

序号	数据名称	数据类型	长度	字段说明
3	年降水量范围最小值	数值型	8	mm
4	年降水量范围最大值	数值型	8	mm
5	年降水量均值	数值型	8	mm
6	年均温均值	数值型	8	℃
7	年均温范围最大值	数值型	8	℃
8	年均温范围最小值	数值型	8	℃
9	极端低温均值	数值型	8	℃
10	极端高温均值	数值型	8	℃
11	最高温范围最大值	数值型	8	℃
12	最高温范围最小值	数值型	8	℃
13	最低温范围最大值	数值型	8	℃
14	最低温范围最小值	数值型	8	℃
15	大于 10°积温	数值型	8	℃
16	大于 5°积温	数值型	8	℃
17	大于 0°积温	数值型	8	℃
18	光照均值	数值型	8	h
19	湿润度均值	数值型	8	%
20	潜在蒸发量均值	数值型	8	mm
21	无霜期日数均值	数值型	3	d
22	积雪日数均值	数值型	3	d
23	最大积雪深度值	数值型	3	cm
24	气候适宜性指数	数值型	3	

表 4-35　行政区土壤资源图属性字段说明

序号	数据名称	数据类型	长度	字段说明
1	行政区名称	字符	50	行政区名称
2	行政区代码	字符	6	行政区代码
3	土壤亚类及面积比例	备注	20	本行政区分布的土壤亚类及面积比例
4	有机质分级及面积比例	备注	20	本行政区土壤有机质分级及面积比例
5	全氮分级及面积比例	备注	20	本行政区全氮分级及面积比例
6	全磷分级及面积比例	备注	20	本行政区全磷分级及面积比例
7	全钾分级及面积比例	备注	20	本行政区全钾分级及面积比例
8	pH 分级及面积比例	备注	20	本行政区 pH 分级及面积比例
9	平均 pH	数值型	6	pH 平均值
10	土壤适宜性指数	数值型	6	

表4-36 行政区地形图属性字段说明

序号	字段名称	数据类型	长度	字段说明
1	行政区名称	字符	50	行政区名称
2	行政区代码	字符	6	行政区代码
3	地形描述	备注	20	地形描述
4	平原面积比例	数值型	6	平原面积比例及分布
5	丘陵面积比例	数值型	6	丘陵面积比例及分布
6	低山面积比例	数值型	6	低山面积比例及分布
7	中低山面积比例	数值型	6	中低山面积比例及分布
8	中山面积比例	数值型	6	中山面积比例及分布
9	中高山面积比例	数值型	6	中高山面积比例及分布
10	高山面积比例	数值型	6	高山面积比例及分布
11	高平原面积比例	数值型	6	高平原面积比例及分布

表4-37 行政区草地资源图属性字段说明

序号	数据名称	数据类型	长度	字段说明
1	行政区名称	字符	20	行政区名称
2	行政区代码	字符	6	行政区代码
3	草地总面积	数值型	10	公顷
4	草地类型分布	备注	20	本行政区草地类型、各草地类型的面积（hm^2）、各草地型的生产力（kg/hm^2）
5	退化面积	数值型	10	hm^2
6	水土流失总面积	数值型	10	hm^2
7	沙漠化总面积	数值型	10	hm^2
8	灾害类型和面积	数值型	10	hm^2
9	污水灌溉污染面积	数值型	10	hm^2
10	化学品污染面积	数值型	10	hm^2
11	化肥使用量	数值型	10	t
12	农药使用量	数值型	10	t

表4-38 行政区耕地资源图属性字段说明

序号	字段名称	数据类型	长度	字段说明
1	行政区名称	字符	20	行政区名称
2	行政区代码	字符	6	行政区代码
3	耕地面积	数值型	10	hm^2
4	小于2°耕地总面积	数值型	10	hm^2

（续）

序号	字段名称	数据类型	长度	字段说明
5	2°~6°耕地面积	数值型	10	hm²
6	2°~6°梯田面积	数值型	10	hm²
7	2°~6°坡地面积	数值型	10	hm²
8	6°~15°耕地面积	数值型	10	hm²
9	6°~15°梯田面积	数值型	10	hm²
10	6°~15°坡地面积	数值型	10	hm²
11	15°~25°耕地面积	数值型	10	hm²
12	15°~25°梯田面积	数值型	10	hm²
13	15°~25°坡地面积	数值型	10	hm²
14	大于25°耕地面积	数值型	10	hm²
15	大于25°梯田面积	数值型	10	hm²
16	大于25°坡地面积	数值型	10	hm²

七、草业动态监测管理数据库

草业动态监测管理数据库包括8个图层：草原区沙尘暴数据、草原区退化监测信息、草原区沙化监测信息、天然草地产草量监测信息、天然草地生产力监测信息、天然草地长势监测信息、天然草地旱灾监测信息、草原区饲草料监测信息（表4－39），SHAPE格式，面状要素。

1. 草原区沙尘暴数据库

表4－39 草原区沙尘暴数据属性字段说明

序号	数据名称	数据类型	长度	字段说明
1	站点编号	整数	5	气象站号
2	站点名称	字符	50	气象站名称
3	海拔高度	数值型	6	m
4	纬度	数值型	10	沙尘暴发生纬度（°/′）
5	经度	数值型	10	沙尘暴发生经度（°/′）
6	年	整型	4	年份
7	月	整型	2	月份
8	日	整型	2	日期
9	发生时间	文本	5	沙尘暴发生时间（h/min）
10	结束时间	文本	5	沙尘暴结束时间（h/min）
11	能见度	整型	2	能见距离分级（km）
12	气压	数值型	2	百Pa
13	气温	数值型	5	℃
14	相对湿度	数值型	5	%

（续）

序号	数据名称	数据类型	长度	字段说明
15	地面温度	数值型	5	℃
16	风向	文本	20	
17	风速	数值型	5	m/s
18	最大风速	数值型	5	m/s
19	最大风速的风向	文本	20	

2. 草原区退化监测信息库　草原区退化监测信息库包括 1980 年以来不同单位完成的草原区退化监测空间、属性数据。空间图层包括 20 世纪 90 年代、21 世纪前 10 年的全国草原退化图、矢量和栅格格式（表 4-40）。

表 4-40　草原区退化监测信息库属性数据字段说明

序号	数据名称	数据类型	长度	字段说明
1	行政区名称	字符	20	行政区名称
2	行政区代码	字符	6	行政区代码
3	草地类型名称	文本	20	行政区草地类型名称
4	监测时间	文本	10	进行草地退化监测的时段
5	退化面积	数值型	10	hm²

3. 草原区沙化监测信息库　草原区沙化监测信息库包括 1980 年以来不同单位完成的草原区沙化监测空间、属性数据。空间图层包括 20 世纪 90 年代、21 世纪前 10 年的全国草原沙化图、矢量和栅格格式（表 4-41）。

表 4-41　草原区沙化监测信息库属性数据字段说明

序号	数据名称	数据类型	长度	字段说明
1	行政区名称	字符	20	行政区名称
2	行政区代码	字符	6	行政区代码
3	草地类型名称	文本	20	行政区草地类型名称
4	监测时间	文本	10	进行草地沙化监测的时段
5	沙化面积	数值型	10	hm²

4. 天然草地产草量监测信息库　天然草地产草量监测信息库包括 2001 年以来天然草地产草量监测的空间、属性数据。空间数据包括 20 世纪 80 年代调查数据基础上用填充法生成的天然草原产草量图，栅格格式；2001—2006 年每个生长季节 5～9 月的地面可食产草量，栅格格式（表 4-42）。

表 4-42　天然草地产草量监测属性数据字段说明

序号	数据名称	数据类型	长度	字段说明
1	行政区名称	字符	20	行政区名称
2	行政区代码	字符	6	行政区代码

（续）

序号	数据名称	数据类型	长度	字段说明
3	草地类型名称	文本	20	行政区草地类型名称
4	监测时间	文本	10	进行监测的时段
5	平均产草量	数值型	10	kg/hm^2
6	最大产草量	数值型	10	kg/hm^2
7	最小产草量	数值型	10	kg/hm^2

5. 天然草地生产力监测信息库 天然草地生产力监测信息库包括 1980 年以来天然草原生产力监测的空间、属性数据。空间数据包括 20 世纪 80 年代以来逐月的 8 000m×8 000m 栅格格式生产力监测数据，栅格格式；2001—2006 年逐月的生产力监测数据，栅格格式（表 4 - 43）。

表 4 - 43　天然草地生产力监测信息库属性数据字段说明

序号	数据名称	数据类型	长度	字段说明
1	行政区名称	字符	20	行政区名称
2	行政区代码	字符	6	行政区代码
3	草地类型名称	文本	20	行政区草地类型名称
4	监测时间	文本	10	进行监测的时段
5	平均生产力	数值型	10	kg/hm^2
6	最大生产力	数值型	10	kg/hm^2
7	最小生产力	数值型	10	kg/hm^2

6. 天然草地长势监测信息库 天然草地长势监测信息库包括 2001 年以来天然草原长势监测的空间、属性数据。空间数据包括 2001—2006 年每个生长季节 5～9 月的草地长势图，栅格格式（表 4 - 44）。

表 4 - 44　天然草地长势监测信息库属性数据字段说明

序号	数据名称	数据类型	长度	字段说明
1	行政区名称	字符	20	行政区名称
2	行政区代码	字符	6	行政区代码
3	草地类型名称	文本	20	行政区草地类型名称
4	监测时间	文本	10	进行监测的时段
5	长势级别	数值型	1	好、较好、一般、差、很差
6	面积	数值型	10	某一长势级别的草地面积（hm^2）

7. 天然草地旱灾监测信息库 天然草地旱灾监测信息库包括 2001 年以来天然草原旱灾监测的空间、属性数据。空间数据包括 2001—2006 年每个生长季节 5～9 月的草地旱情图，

栅格格式（表4-45）。

表4-45　天然草地旱灾监测信息库属性数据字段说明

序号	数据名称	数据类型	长度	字段说明
1	行政区名称	字符	20	行政区名称
2	行政区代码	字符	6	行政区代码
3	草地类型名称	文本	20	行政区草地类型名称
4	监测时间	文本	10	进行监测的时段
5	旱情级别	数值型	1	重、中、轻、湿、很湿
6	面积	数值型	10	某一旱情级别的草地面积（hm^2）

8. 草原区饲草料监测信息库　见表4-46。

表4-46　草原区饲草料监测信息库属性数据字段说明

序号	数据名称	数据类型	长度	字段说明
1	行政区名称	字符	20	行政区名称
2	行政区代码	字符	6	行政区代码
3	时间	文本	10	进行调查或监测的时段
4	人工草地面积	数值型	10	hm^2
5	人工草地产量	数值型	10	万 kg
6	饲料产量	数值型	10	万 kg
7	饲料引进量	数值型	10	通过购买的饲料引进量（万 kg）

第二节　草地科学数据采集规范

一、范围

本部分规定了草地科学空间数据、属性数据、图像数据和文本数据的采集要求，以便加强对草地采集数据的管理，方便采集数据的共享。

二、数据采集范围

数据采集的区域主要集中在我国北方的内蒙古自治区、青海省、甘肃省、新疆维吾尔自治区等地的草原区。

三、数据存储平台

电子数据采集平台主要基于 Microsoft 的 Windows XP Sever 操作系统，数据库为 Access 或 SQL Server 数据库。

纸质数据采集一律采用国家农业科学数据共享中心要求制定的表格填写。

土壤、植被、动物等数据标本采集，严格按照国家农业科学数据共享中心的要求存放。

四、数据采集要求

1. 空间数据　水分、土壤、气候、生物等空间数据应为 Coverage、Shp、Grid 或 Img 格式。空间数据数字化时应严格按照国家农业科学数据共享中心的《空间数据数字化规定》完成。

空间数据必须为经过精校正的配准数据，空间数据投影为 Albers（等面积双标准纬线圆锥投影）。

所有空间数据必须定期进行光盘备份，且具有至少 1 个以上备份。

2. 属性数据　属性数据应包括原始数据采集人、采集时间、采集地点（经纬度）、采集设备、数据后期整理人等信息。

属性数据整理完成时，必须安排专人进行数据校验，保证数据的准确有效。

所有属性数据必须定期进行光盘备份，且具有至少 1 个以上备份。

3. 图像数据　数码相机照片数据必须标明数据的拍摄地点（经纬度）、拍摄时间、拍摄目的、拍摄人、后期整理人等内容。

纸质图像数据应进行扫描，扫描分辨率 300dpi，并以 tif 格式保存。

航空照片、卫星遥感数据、高程图等数据必须进行数字化配准、校正。

所有图像数据应定期进行光盘备份，且具有至少 1 个以上备份，纸质数据必须具有 1 份以上复印件。

4. 文本数据　纸质文字数据应按照国家农业科学数据共享中心要求的格式录入。

文本数据录入计算机时，必须注明数据录入人、录入时间、数据后期整理人等信息。

所有文本数据应定期进行光盘备份，且具有至少 1 个以上备份，纸质数据必须具有 1 份以上复印件。

第三节　草地科学数据汇交规范

一、范围

本部分提出了草地科学数据汇交种类、审核和安全要求，以便加强对草地科学数据的管理。

二、汇交数据的种类

汇交数据是指在草地与草业科技领域研究中产生的原始性观测数据、试验数据、调查数据、考察数据、统计数据以及按照某种需求系统加工的数据和相关的元数据等。

汇交数据按照国家农业科学数据共享中心规定的格式以电子文件形式汇交。汇交前应呈送数据汇交计划。

对于涉及已经获得专利或其他权利保护以及正在申请专利或其他权利保护的数据，应当提交有关证明材料。

三、汇交数据计划

数据汇交计划应当明确数据汇交负责人、数据产生的方式、数据的种类和范围、数据格式、数据的质量说明、汇交形式和进度、数据管理机构、数据的保护期限、数据的科学价值和使用领域以及其他需要说明的事项等内容。

四、汇交数据负责人的权利和义务

汇交数据负责人对所汇交的数据拥有发表权、署名权、修改权、保护科学数据完整权、使用权等。汇交数据负责人应承担以下义务：

（1）必须按照签订的汇交计划汇交数据。

（2）按照汇交的技术规定汇交数据。

（3）按照汇交数据的程序、期限汇交数据。

（4）在汇交数据的过程中妥善保管数据。

（5）对汇交数据的真实性负责。

（6）对汇交数据的科学价值和实用价值、利用方式作出说明。

（7）对汇交数据的质量进行描述。

（8）对涉密的数据有保密义务。

（9）在汇交数据前应当经过所在单位的审核。

（10）在汇交数据报告上签章并声明承担有关法律责任等。

汇交数据负责人及其所在单位应保证汇交的科学数据符合规定的质量标准。

五、汇交数据的审核

汇交数据负责人在向其上级单位报告应汇交的数据产品之前，应当对数据的完整性和真实性进行审查，并对汇交数据的真实性和质量终身承担责任。

汇交数据的审核事项包括：数据选题是否准确、数据是否齐全、数据加工是否符合形式要求、数据是否符合保密规定、数据是否符合规定的质量要求、数据汇交计划的执行情况、数据是否具有科学价值和使用价值等。

六、汇交数据的安全

汇交数据负责人在汇集、呈交、审核数据的过程中，负有妥善保管数据的义务，保证汇交数据的安全和汇交工作的顺利进行。

第四节　草地科学数据共享管理规范

一、范围

本部分规定了草地科学数据共享服务对象、共享数据内容、数据共享方式和处罚条例等要求，以便加强对草地科学数据的管理，扩大和发挥共享数据的范围和作用。

二、共享数据服务对象

采集的草地科学数据主要服务于国家各级政府机关、科研院校以及社会公益性团体、企业等机构。

草地科学数据为国际上非营利性科研机构针对我国展开的帮助研究提供服务。

三、共享数据内容

无偿共享的数据范围主要是研究区域内的草地与草业相关基本数据，包括草原的自然地理环境数据、地形地貌、水文、土壤、气候、生物等的调查数据以及牧草基本信息、栽培管理、生产管理规则和各类图像资料数据，牧草生产、生态和产业管理的模型、文献资料数据，草地资源环境数据和图件等。

有偿共享或者需要国家相关部门批准才能获取的数据包括：国家安全部门要求保密的数据与图件；分中心通过有偿途径获取的数据；分中心不具有完全的知识产权，或数据提供者要求按所签协议共享的数据。

四、数据共享方式

申请共享数据时，需填写共享数据申请表和数据使用计划书，详细说明所申请的数据内容、数据用途、数据使用方式、预期研究成果等情况，提前 1 个月递交主管部门数据管理处。

数据管理处根据所填申请表和数据使用计划书的情况，召开讨论会研究其数据使用计划的可行性，并将研究结果上报至分中心主管领导。

主管领导同意数据申请人的申请后，由数据管理处负责与数据申请人签署数据使用协议，并提供所申请的数据。

共享数据均受《知识产权法》保护。

五、处罚条例

数据申请人获得数据后，违反数据使用协议，故意造成所获数据的扩散或提供给第三方者，共享数据提供方依据《知识产权法》规定，有权追求其相关法律责任。

第五章

草地生态系统野外观测数据库建设及共享标准与规范

5

草地是我国主要的生态系统类型，面积辽阔，约为 392 万 km^2，占国土总面积 40.8%，面积为农田的 3.7 倍、林地的 3.1 倍。草地类型丰富，具有 18 个草地类、21 个草地亚类、124 个草地组、830 个草地型。草地生态系统结构和功能的监测对我国脆弱环境的治理和农牧业生产的发展具有重要作用。

草地生态系统野外定位观测的目的是按照统一的规范，对我国主要草地生态系统类型的结构、功能以及相应的土壤、气候、生物因子进行长期监测。选择观测站所在地区最具代表性的草地生态系统，对群落结构、功能的各项指标进行动态观测，产生一个可比、系统、规范的数据系列，为建立草地生态系统管理、生物多样性保护以及草地畜牧业可持续发展优化模式提供科学依据。通过网络建立先进的、数据不断更新的信息系统，对这些数据实现有序的管理，促进不同部门和不同研究单位间的数据共享。

第一节　草地生态系统野外观测技术规范

一、范围

本部分确定了草地生态系统野外观测指标，规定了草地生态系统野外观测内容、方法和技术要求。

二、草地生态系统野外观测指标

1. 概述　草地生态系统野外观测内容主要包括两大类，一类是草地生态系统宏观生态背景信息，另一类是草地生态系统各组成部分。

2. 宏观生态背景信息的观测指标　草地生态系统宏观生态背景信息的观测包括：植被变化、草地类型变化、土地利用变化。

（1）植被变化的观测指标包括　各植被类型的面积、分布、性质。

（2）草地类型变化的观测指标包括　各草地类型的面积、性质、分布。

（3）土地利用变化的观测指标包括　各土地利用类型的面积、性质、分布。

3. 各组成部分的观测指标　草地生态系统各组成部分指草地群落、动物群落和土壤微生物群落。

（1）草地群落观测指标

①植被生态外貌特征和物候，包括：生活型、层片结构、群落水平结构、季相和物候期；②植被结构和初级生产力，包括：种类组成、分种频度、分种多度、分种盖度、分种地上和地下生物量、主要植物种元素含量。

（2）动物群落观测指标　动物群落观测是指对鸟类、哺乳动物、啮齿动物、昆虫类、土壤动物等动物类群的群落数量和结构变化的观测。①鸟类、哺乳动物、啮齿动物，包括：种类组成、数量、生物量；②昆虫类，包括：各类组成、生物量、总生物量；③土壤动物，包括：种类、数量、总生物量。

（3）土壤微生物群落观测指标　土壤微生物群落观测主要调查土壤微生物的类群与数量，主要指标包括：组成、生物量、总生物量。

三、宏观生态背景信息观测内容和方法

1. 植被和草地类型变化监测　由于不断受到人类活动的影响，草地生态系统监测站区内的各种植被类型及其面积处于经常性变化之中。周期性的对这些变化进行监测，可以获得一系列站区植被、草地在不同时期的类型组成与面积分布图，对人类活动影响下该地区植被的长期变化进行精确估计。因此，该部分内容的监测应成为站区生物要素监测工作的重点内容。对植被、草地类型和面积的监测每 5 年进行 1 次，在植物群落发育盛期进行（8月中旬）。植被和草地类型监测通常采用线路调查方法，具体步骤如下。

（1）前期有关资料的准备　包括调查范围的行政边界图、地形图、近期的植被类型与分布图，如条件允许可考虑购买卫星图片和遥感资料等。

（2）调查工具准备　包括测绳、皮尺、盒尺、样方架、各种记录表格、铅笔、植物标本夹、剪刀、GPS 仪、照相机、望远镜等。

（3）确定调查路线　根据地形图和植被类型图确定进入某一植被类型中心分布地带和由此沿四个方向到达该群落分布边界与其他群落过渡处的最佳路线。由于此类调查以确定植被分布面积为主，故大部分测定工作是在群落的分布边缘进行，以确定群落的分布边界。调查路线的布设主要考虑交通方面的便捷，尽量避开大的地形阻碍，如山谷、河流和高台地等，由参加过以往调查的专家和熟悉当地交通的人员共同制订。

（4）实地调查　在群落的中心地带，采用巢式样方法确定群落的最小面积，绘制种—面积曲线。设置 1m×1m 的记名计数监时样方（5 次重复），调查每种植物的高度、盖度、多度（密度）、频度和地上生物量等数量指标，根据有关公式计算群落的物种多样性指数。

由中心地带出发，沿四个方向采用样线快速调查法调查并登记新增加的种类，对于通过目测可确知群落类型无变化的地段直接越过，不进行样方调查。到达群落边界后，采用样方法或样线法测定群落的"四度一量"（样方法见本规范中"植物群落的物种组成和初级生产力"），确定群落的边界范围，并用明显的标桩标示，以便下一次调查进行对比。用 GPS 精确测量地理坐标，标记在本底调查图（地形图的复印件）上。

样线法是一种在植被调查中广泛使用的面积取样技术。通常先主观选定一块代表地段，并在该地段一侧设一条基线，然后沿基线用随机或系统取样选出一些测点，这些点可作为通过该地段样线的起点。设置样线时可使用 20m 或更长的卷尺或皮尺，借助其刻度可以区分

确定频度所需的任何区段，同时也可记载被样线所截的每株植物的长度。设好样线后，从一端开始，登记被样线所截（包括线上、线下）植物，记载所截植物的3个测定数据：样线所截长度 I；植物垂直于样线的最大宽度 M；所截植物的个体数目 N。

对于草地植物群落而言，6条10m的线段所取数据足以反映该群落的特征。数据整理时，首先统计下列各值：①每种植物的个体数 N；②所截长度总和 $\sum I$；③登记有某种植物的区段数 BN；④植物最大宽度倒数的总和 $\sum (1/M)$。

在此基础上计算每种植物的密度 D、盖度（优势度）C、频度 F 及相对密度 RD、相对盖度 RC、相对频度 RF 及重要值 IV。计算公式如下：

$$D = (\sum \frac{1}{M})(\frac{m^2}{L})$$

$$RD = \frac{D}{\sum D} \times 100$$

$$C = \frac{\sum I}{L} \times 100$$

$$RC = \frac{\sum I}{\sum \sum I} \times 100$$

$$F = \frac{BN}{\sum BN} \times 100$$

$$RF = \frac{nf}{\sum nf} \times 100 \qquad (nf = BN \times \frac{\sum \frac{1}{M}}{N})$$

$$IV = RD + RC + RF$$

式中，L——样线总长；

nf——一个种的加权频度。

（5）调查资料整理与成图　对站区全部调查范围内的有关资料进行计算、整理和汇总，得到每一植被类型的种类组成、群落学特征和物种多样性特点。将本底调查图上的植被分布范围转绘到地形图底图上，绘制成正式的植被图和草地类型图，经地理信息系统处理形成电子图。

2. 土地利用变化监测　草地生态系统监测站区土地利用变化的监测主要通过资料收集（如当地统计资料和卫星遥感资料）和访问调查完成，调查资料需要每5年更新1次。具体调查内容如下：

（1）放牧草地　①各类放牧草地的分布与面积；②当前放牧强度以及各种利用强度（轻、中、重牧）下的草场分布与面积；③草地载畜量、放牧家畜种类、每年放牧时间与季节。

（2）割草场　①各类割草场的分布与面积；②每年割草频次、割草时间。

（3）农田　①农田面积；②农作物的种类；③耕作制度，包括耕作方式（机耕播、犁耕、翻地深度）、休闲轮作情况、复种指数、收获方式（机器或人力）、留茬高度。

（4）林地、城镇建设用地和采矿地　①树种类型、面积、种植时间、用途（薪炭林、防风林或建材林）；②城镇建设用地面积、建镇时间；③采矿地类型、面积、开采时间、挖掘深度、采矿地植被复植情况。

需要在当地有关部门（如统计局、农牧局、土地管理局等）的协作下进行实地调查。必要的工具包括行政区划图、地形图、GPS仪以及各种记录表、笔、照相机、望远镜等。

对上述各项调查内容逐一详细填写，对各种土地利用情况需要记录调查时间、地理位置、行政归属、自然概况（如坡度、坡向、海拔等），并在图上标出各种用地的确切位置和边界，绘制成站区土地利用现状图。

四、系统各组成部分的观测内容和方法

1. 草地生态站区采样地选择和采样设计

（1）草地生态观测站区总面积一般在 $10\sim50km^2$，应分别在主要植被类型和土地利用方式的典型地段上选择相对固定的采样地，进行生物要素、土壤要素和水分要素的监测和采样，同时调查工作要尽量同遥感数据和地理信息系统技术相结合。

（2）固定采样应在草地生态观测站区内选择具有代表性，并能长期保持不变的典型生境地段，可以在草地生态观测站区 1:5 000 草地类型图或土地利用图上标明样地布局、样方的完整设置。

（3）固定的采样地的控制面积一般不小于 $4hm^2$，选定后要对每个采样地进行 GPS 定位。设置固定标准样地，保护草地生态系统的天然状态，是开展草地植被及其群落生长发育观测的基本设置。

（4）采样地的设计步骤　①选择具有代表性和典型性的草地，确定样地边界，面积不小于 $4hm^2$；②在样地周围埋好标桩，标桩露出地面 1.2m，沿界桩用围栏圈起来；③在样地内划出用于不同目的的观测区域。

为了有效地控制采样误差，使采集的样品对采样地段最具代表性，同时又使生物要素和土壤要素的采样尺度相对应，便于观测数据的相互验证，生物要素和土壤要素长期监测采用机械采样设计（在采样地内等距地机械布置样方），对多年的取样布局进行统一规划。

2. 草原植物群落观测

（1）草原植物群落生态外貌特征的调查与测定　外貌是植物群落中植物的种类、生活型、物候相在高度、繁茂程度、颜色、叶子形状等群落外部特征的整体反映，也是群落结构与功能的综合反映。较早的植被分类甚至以外貌为主要依据。通过外貌的研究还可以认识群落对环境的适应及其生态特点与功能特征。群落外貌在程度上决定于群落组成的生活型、群落的垂直结构和发育节律等。

①生活型的划分。生活型即植物的体态、外貌，它是植物对环境，特别是气候条件综合适应的外部形态的表现形式。

②层片的调查。草原植物群落中常见的层片包括由针茅类组成的丛生禾草层片；由羊草组成的根茎禾草层片；由多年生草本组成的旱生杂类草层中和中生杂类草层片；由猪毛菜、刺藜等组成的一年生杂草类层片；由冷蒿、伏地肤组成的半灌木层片以及由锦鸡儿类组成的小灌木层片类等。在高寒草甸植物群落中常见的层片有嵩草—薹草层片、杂类草层片等。通常在草原植物群落中可以划分成以下 3～4 层（或称亚层）。

第一层，高 80～100cm，多由旱生大丛生禾草的生殖枝组成。

第二层，高 40～50cm，是群落的主要层（盖度最大），由丛生禾草的叶层和杂类草的植株组成。

第三层，高 15～25cm，小丛生禾草的叶层和部分矮型杂类草（如草云香）组成。

第四层，高度在 10cm 以下，由薹草、一年生杂类草、冷蒿的匍匐营养体等组成。

③群落的镶嵌与水平结构的调查。植物群落的镶嵌与水平结构常有分化。例如大针茅草原群落中，以冷蒿为主的小群落，以冰草为主的小群落，以黄花葱和山葱为主的小群落频频出现。这些镶嵌与水平结构反映了群落的异质性。群落的镶嵌与水平结构也随时间而变化。

（2）草原植物物候和群落季相变化的观测　群落的季相决定于本身的种类组成和层片结构的季节发育状况。在野外描述群落的季相时，可以根据种群的生长发育阶段来判断，如群落的高度，形成背景的植物、颜色、繁茂程度等。由于组成群落的各种群的物候周期是不同的，因此利用不同季节中某些种群的开花和结果期以及花色与果色作为标志是常用的方法。

物候观测是研究植物生长发育节律规律的基本方法。连续多年的观测，可以揭示植物个体、种群和植物群落的物候周期的特征，并能阐明群落季相更替的时间变化（与草地的放牧和割草有关）。如果物候观测与气候、土壤等环境因子结合起来，并进行多点的观测，则可制订各种植物在不同地带的物候曲线图或某些植物的结果期和收获期的物候图等。

①仪器与用具。固定样方用的木楔、绳索及标志木牌和标志旗（具有鲜明颜色的）。物候记载表（表 5-1、表 5-2）、变色铅笔、钢卷尺、手持放大镜。

表 5-1　植物群落与种群物候观测记载表

样方号：＿＿＿＿＿样方面积：＿＿＿＿＿地点：＿＿＿＿＿群落名称：＿＿＿＿＿

群落盖度：＿＿＿＿＿土壤类型：＿＿＿＿＿观测日期：＿＿＿＿＿观察人：＿＿＿＿＿

成层性	植物名	多度（或密度）	物候期							高度（cm）	盖度（%）
			1	2	3	4	5	6	7		

表 5-2　植物个体物候观测记载表

植物名称及编号：＿＿＿＿＿地点：＿＿＿＿＿植物群落名称：＿＿＿＿＿

生境类：＿＿＿＿＿观测人：＿＿＿＿＿

观测日期	物候期							高度（cm）	冠幅（或盖度）	备注
	1	2	3	4	5	6	7			

②操作步骤。物候期的划分：草原和草甸植物群落，通常由多年生草本、一年生草本以及少量的灌木和半灌木组成。综合起来，一般可划分为 7 个物候期。对于禾本科植物，把营养期更细分为分蘖期和拔节期较为实用。

a. 营养期。一年生植物的籽苗出现、莲座叶的形成、茎的形成以及叶的完全长成。多年生草本植物的籽苗形成、芽的开放；双子叶植物莲座叶的形成、茎的生长以致完全出叶；禾本科植的分蘖和拔节期（可以把二者分别列出）。半灌木和灌木的芽开放、枝条的伸展和完全出叶。

b. 花蕾期。双子叶植物的花芽膨胀、花蕾形成和花蕾完全长成。禾本科植物油穗（由顶叶的叶鞘中出现了全穗的一半或是圆锥花序上部的 3/4）。

c. 开花期。杂类草（亦即与禾草、薹草等抽穗的草本植物相对应的一大类草本植物的统称）的花蕾开放、第一朵花出现、完全开花及花谢。禾本科植物的穗的中部或圆锥花序的上部，个别的小穗露雄蕊。

d. 结实期。双子叶植物的花被脱落、果实形成、有成熟的果实、散播种子。禾本科植物在穗的中部或是圆锥花序的上部，颖果达到乳熟、黄熟或腊熟期以致完全成熟，种子散落。

e. 果后营养期。有些植物在结实以致种子散落之后，营养体并不枯黄，还能维持相当一段时间；有的甚至在秋后还会萌发新的营养枝叶（如草原上的冰草和华北岩黄芪等）。

f. 营养结束期。地上部分逐渐枯萎的阶段。叶色由绿逐渐变黄的过程。

g. 死亡期（相对休眠期）。同化作用停止，叶和茎全部枯死。有些植物在结实后期，马上进入该阶段，如草原上的卷叶唐松草和草芸香等。

③观测。分别统计记载样方中的所有植物种。在表格（表 5-1，表 5-2）的相应栏目中，填上各个种群的成层性、盖度和高度。观测记录固定样方中各植物种群的物候状况，用每种植物的某一物候期的个体数与该种个体的总数之百分比来表示。即该种的全部个体数以 100% 计，如果该种的所有个体均处在营养期，那么物候记载表格中，营养期一行中则填 100%；如果大部分（60%）的个体处于营养期，而小部分（40%）的个体是在花蕾期，那么在表格中记载其数量关系时，营养期为 60%，花蕾期为 40%，其数的总和应为 100%。其计量单位以 10% 计（即不足 10% 者，以 10% 计）。

④资料的整理。将每个种的物候资料，按时间顺序将其物候期的数量关系绘制下来，即构成该种群的物候图。将植物群落中各种群的物候图谱，按开花期早晚的顺序排列起来，即构成该植物群落的物候谱，并能从图上观察到群落的季相更替状况。

⑤注意事项。物候观测的样地应设置在固定样地内，采用样方法进行多年连续地观测。对特殊的、有意义的植物种的个体物候观测时，则应选择健壮成熟的植株，单独进行观测。在同一地点上，每种植物应不少于 10 株。

根据植物生长发育的特点，最好在营养期的观测次数比较少些，而开花期和结实期观测次数多一些。在营养期应 3～5d 进行 1 次，而开花和结实期应每 1～2d 观测 1 次。

同一种植物组成的种群，由于其年龄不同，可能会同时出现几个物候期，这是正常现象，都应记录在表格中。植物物候和群落季相需连年观测。

（3）植物群落的物种组成和初级生产力

①测定方法——样方法。样方法是植物群落学的基本调查方法，并且几乎所有的无样方法都需有样方法配合才能完成对群落的完整调查。对样方内的植物调查，首先要记录优势种的主要特征：种名、高度、盖度、数量或多度等。同时标明在水平地带或垂直地带上属于何种植被类型。调查项目见表 5-3。其次是对每种植物的详细调查，包括种名、季相、高度、盖度、群集度等特征，调查结果记录于表 5-3 内。

表 5 - 3　植物群落结构与种类成分记载表

种名	Q1					Q2					Q3					Q4					Q5				
	C	G	A	A	B	C	G	A	A	B	C	G	A	A	B	C	G	A	A	B	C	G	A	B	

种名	Q6					Q7					Q8					Q9					平均			
	C	G	A	B	C	G	A	B	C	G	A	B	C	G	A	B	C	G	A	B				

注：C. 盖度级；G. 高度；A. 多度；B. 生物量。

样方法有两个必须注意的地方，一是最小样方面积的确定，二是最小样方数量的确定。

a. 最小样方面积的确定（种—面积曲线法）：根据植物种数与样方面积的关系确定群落最小面积，把包含样地总种数 84% 的面积作为群落最小面积。一般在干旱草原地区 1m²；湿润的高寒草甸地区 0.25m²。在 1hm² 样地上所布置的观测样方应不少于 10 个。

b. 最小样方数目的确定：取样误差与取样数目的平方成反比。例如，若减少 1/3 的误差，就要增加 9 倍取样数目。最小样方数的确定可通过绘制方差与样方数的相关曲线来完成，较小面积的样地上的观测样方不能少于 5 个。

②植物群落物种组成的测定。植物群落组分种群是生长在一定群落中的某种植物所有个体的总和。一个植物群落常常由多个种群组成，每个种群在群落中的数量、体积、所占空间、生物量积累等方面都不同。植物群落组分种群的特征是植物群落定量分析的基础。重要值是评价植物种群在群落中作用的一项综合性数量指标，它是植物种的相对盖度、相对频度和相对密度（或相对高度）的总和。草地群落的重要值用下式表达：

$$IV=RHI+RCO+RFE$$

式中，IV——重要值；

　　　RHI——相对高度；

　　　RCO——相对盖度；

　　　RFE——相对频度。

在群落调查中必须对每一组分种群的下列特征进行观测。

a. 密度。密度是单位面积上某植物种的个体数目。通常用计数方法测定。按株数测定密度，有时会遇到困难，尤其不易分清根茎禾草的地上部分是属于一株还是多株。此时，可以把能数出来的独立植株作为一个单位，而密丛禾草则应以丛为一个计数单位。丛和株并非等值，所以必须同它们的盖度结合起来才能获得较正确的判断。特殊的计数单位都应在样方登记表中加以注明。

b. 频度。频度是指某种植物在全部调查样方中出现的百分率。这个数值是表示某植物种在群落中分布是否均匀一致的测度，是种群结构分析特征之一。它不仅与密度、分布格局和个体大小有关，还受样方大小的影响。使用大小不同的样方所取得的数值不能进行比较。因此，频度值的测定一定要注明样方的大小。频度值的取得是在群落样地全部调查完毕后统计得出的。

c. 盖度。盖度是指群落中某种植物遮盖地面的百分率。它反映了植物（个体、种群、群落）在地面上的生存空间，也反映了植物利用环境及影响环境的程度。植物种群的盖度一般有两种：投影盖度和基面积盖度。投影盖度是指某种植物植冠在一定地面所形成的覆盖面积占地面的比例；基面积盖度一般对乔木种群而言，以胸高断面积的比表示，又称种群显著度。投影盖度（C_c，%）的计算：

$$C_c = \frac{C_i}{A} \times 100$$

式中，C_i——样方内某种植物植冠的投影面积之和，单位为平方米（m^2）；

A——样方水平面积，单位为平方米（m^2）。

d. 高度。植物的生长高度，一般用实测或目测方法进行，以 cm 或 m 表示。量植株高度时应以自然状态的高度为准，不要伸直。植株高度因种的生活型和生物生态学特性以及生长的环境而异，同时随时间的推移有明显的季节变化。种群高度 H 应以该种植物成熟个体的平均高度表示：

$$H = \frac{\sum h_i}{N_i}$$

式中，$\sum h_i$——所有某种植物成熟个体的高度之和，单位为米（m）；

N_i——该种植物成熟个体数，单位为株。

③植物群落的现存量测。植物群落的现存量是指一定时期内群落中单位面积的植物物质的重量。植物群落现存量包括地上现存量和地下现存量两部分。

草地植物群落地上现存量的测定包括 3 个部分，即植物的活体（绿色部分）、立枯物和凋落物。立枯物是指由于衰老、机械损伤或干枯死亡了的部分，因为死亡的时间尚短，仍然附在母体上，因而也称为附着死物质。立枯物在一年中常随生长季的进展而增长。凋落物是指自然脱落或由于动物践踏和风力等作用而脱离母体，散落于土壤表面的死物质，这部分物质因与土壤表面紧密接触，极易腐烂分解。在植物生长期间，与植物生长相联系的地上现存量的增加以及由于枯死带来的减少，这两个相反的过程是同时进行的。因此，作为地上现存量的变化所测得的生长量，必须将该期间内的枯死凋落物考虑在内，否则就不可能计算出真正的地上净生产力。

测定生物量之前对样方内各物种进行其数量特征的记载。然后将样方内的植物齐地面剪下（分种取样）分别装入塑料袋中，集中编号后带回实验室内处理。样品带回室内后，迅速剔除前几年的枯草，然后将每一种的绿色部分和已枯部分分开。分别称其鲜重后，再放入大小适宜的纸袋中，置于鼓风干燥箱内 80℃ 烘干至恒重，则可得到各样方中各个种的活物质与立枯物的烘干重（g/m^2）。注意事项：

a. 根据植物群落结构的具体情况，在取样时亦可仅将建群种单独分出来，其他植物按类群（如禾草类、薹草类、杂类草类、半灌木类和一两年生植物类等）取样。

b. 植物个体较小，难以按种区别出立枯物时，称取样方内立枯物的总量即可。

c. 只有在最不得已的情况下，才允许不分植物种，而只按样方取绿色总量和立枯物总量。

我国草地植物群落地上部分现存量的测定由 5 月初开始至 10 月底结束，每年均测定 12 次，重复 9 个样方。此外，于植物萌发之前的 4 月和植物全部枯死后的 11 月，各测定 1 次枯草量，以了解冬季枯草的损失量。测定样方的大小，应以群落最小面积为准，草原植物群落以 $1m^2$ 为宜；低矮的高寒草甸可缩小到 $0.25m^2$。每期重复 5 个样方（表 5 - 4）。

表 5-4 草地群落地上生物量登记表

生态站名称：　　　　　　生态站代码：　　　　　调查日期：　　　　年 月 日

样方号：　　　　　　　　站区地点：　　　　　　调查人：

层（高）：　　　　Ⅰ：　　　　　Ⅱ：　　　　　Ⅲ：　　　　Ⅳ：

群落总盖度：　　　　　　生殖苗高：　　　　　　叶层高：　　　　　　凋落物（干重）：

种号	植物名称	平均高度（cm）		盖度（%）	密度株（丛）	物候期	鲜重（kg）			干重（kg）		
		生殖苗	叶层				绿色	立枯	合计	绿色	立枯	合计
合计												

　　群落地下部分现存量是指位于土壤层内，包括植物根茎、根状茎、鳞茎、块根等在内的根系部分的生物量。在生态系统中是向土壤归还氮素及灰分元素的重要形式，根系的研究是植物—土壤间生物循环和生态系统内物质循环研究的重要组成部分。

　　群落地下生物部分现存量的测定，每隔 5 年测定 1 次，4～10 月的每月 15 日进行，重复 9 次，取样点与地上生物量测定样方的取样点相同。测定方法采样土柱法。土柱法即用特制的取样器获取圆形的土柱方式获取根系样品的方法。该法在草被均匀，根物根系分布较浅的草地上使用较为适宜，其优点是可选取多点样品，而且每期可在多个群落均匀度较一致的同一小样区内重复取样。草地群落的根系生物量取样器可用内径 20cm、高 10cm 的无缝钢管加工制作，取样时先将一块厚木板垫在取样器上方，再用铁锤通过厚木板将取样器砸入土中，从而分层获取土壤样品。此法的取样重复次数不应低于 9 次，取样深度以 0～40cm 为宜。

　　通过上述方法采集的含有植物根系的土块样品，按层分别装入尼龙编织袋或布袋内暂时保存。切忌用麻袋装样品，防治其脱落的细纤维与细根相混淆，而增加选根的困难和加大误差。首先将洗好的根系中的半腐解枝叶、种子和虫卵等夹杂物去掉，再将活根与死根分开。区分活根与死根的主要依据是根表面和根断面的颜色，需用肉眼并借助放大镜来进行。如果分不清楚，可将洗好的根放在适宜的器皿中，加水轻搅动，浮在上面的是死根，活根比重大，会沉在下面。挑选好的活根与死根，用吸水纸吸去水分，稍晾片刻，即称鲜重。然后放入小纸袋内，烘干再称干重（表 5-5）。

表 5-5 草地群落根系生物量登记表

生态站名称：　　　　　　生态站代码：　　　　　调查日期：　年 月 日

站区地点：　　　　　　　调查人：

样方号	项目		土层深度（cm）				0～40cm 合计
			0～10	10～20	20～30	30～40	
1	鲜重	活根					
		死根					
	烘干重	活根					
		死根					

（续）

样方号	项目		土层深度（cm）	0～40cm合计
2	鲜重	活根		
		死根		
	烘干重	活根		
		死根		

④植物群落初级生产力的测定。植物群落初级生产力的监测主要是在自由放牧区或割草场进行，据此可以对当地草场的实际产草量进行精确估计。监测频度为每年1次，于当年群落地上生物量高峰期进行。初级生产力采用收获法计算。

每期草地的绿色量、立枯量和凋落物量相加即得当期的地上生物量。将各期的生物量按时间顺序排列起来，即构成群落生物量的季节动态。根据生物量动态的数据即可用"增重积累法"对地上净生产量进行估算。采用每期生物量的"正增长值"相累加即可。当群落各期生物量的增长皆呈正值时，由该方法所估算出的地上净生产量与群落最高峰时的生物量相同。所以通常也可用"最大现存量法"来估算群落的净生产量。如果群落高峰期前某期生长量有负值出现，则一定要用"增重积累法"，否则所得数值有误。通过每期地下生物量的测定，可以得到不同层次中根量的季节变化。根据每一层根量的"最大值"和"最小值"所求得的"差值"之和，即是地下部分当年的生长量，也即是它的年净生产量（g/m²）。需要注意的是，估算地下净生产量时必须采用"各层次的最大差值"相累加，而不能用"全剖面根系的最大差值"。其原因是各层根系生物量的最大差值出现的时间是不一致的，若用"全剖面法"估算，数值会偏低。将每次测定的地下生物量和地上生物量相加，便可得总的生物量（g/m²）。

估算方法是将全年各次测定的正增长生物量相累加，便得到了整个群落的年净生产量 NP：

$$NP = \sum_{i=1}^{n-1} (B_{i+1} - B_i)$$

式中，NP——群落的年净生产量，单位为克每平方米每年 g/（m²·年）；

$\quad B_{i+1}$——一年内第 $i+1$ 次测定的生物量，单位为克每平方米（g/m²）；

$\quad B_i$——一年内第 i 次测定的生物量，单位为克每平方米（g/m²）；

$\quad n$——一年内的测定次数。

⑤样区总产草量。测定地点分别选择在各类放牧草场的轻牧、中牧和重牧地段中，并且于牧草返青期之前用围栏围封，防止家畜采食。根据土地利用监测的有关资料，确定各类草场的轻、中、重牧面积。计算草地生态站区、所在行政区内各类草场的产草量和全部草场的总产草量，为草地生态站区及其所在行政区生产单位提供有关资料，供各生产单位确定当年的家畜存栏率参考。

3. 动物群落观测

（1）野生动物的观测　动物的分布区通常很大，对某一区域动物的数量进行调查的难度也较大。一般是根据动物的习性和统计学原理，有选择地设置若干样地，通过调查样地内的动物种类和数量，来估计整个区域内动物的种类和数量。草地生态站综合观测场内动物群落特征的调查与测定，可采用单纯随机抽样法，通过调查采样点内的动物种类和数量，来估计综合观测场及整个区域内的动物种类和数量。

野生动物的监测主要针对鸟类、大型兽类、啮齿动物和昆虫四大群类。调查频度为每 5 年 1 次，每一调查年的监测需要一次或多次野外作业完成，主要是考虑到许多野生动物的迁徙习性。调查内容有动物各类和种群数量特征。根据站区植被类型划分生境类型，每一类生境需要布设的调查样点数主要根据生境面积大小和动物个体数量而定，通过调查样地内的动物种类和数量，来估测该类型生境中乃至整个站区范围内动物的种类和数量。由于不同种类动物的个体大小和生活空间等各不相同，所以站区野生动物的监测方法，既不能照搬植物群落的调查采样方法，也不能对所有的野生动物采用完全相同的调查采样方法，应根据动物的个体大小和生活习性采用相适宜的方法。

①鸟类。鸟类数量调查每隔 5 年进行 1 次，调查工作应在鸟类成对生活的繁殖季节进行，用鸟巢统计法求得鸟类的数量。统计时要对综合观测场内所有采样点的鸟或鸟巢全部计数，并要进行如隔天或隔周的重复调查，每天最好在一定时间如鸟类最活跃的早晨或傍晚进行统计。

a. 样方统计法。此方法较适于鸟类成对生活的繁殖季节，用鸟巢统计法求得鸟类的数量。所需调查工具包括标记木桩、带铃绳子（30~40m）、计步器、鸟类调查表（表 5-6）。调查步骤如下：

设置样方：样方大小一般为 100m×100m，每一类生境设置 3~4 个样方。

鸟类统计：计数样方内鸟和鸟巢的数量，并要进行隔天或隔周的重复调查。

对生境情况（如植被、地形、地势、人为干扰等）进行简单描述，完成表 5-6 上所列的各项内容。最好能按比例绘制出构成生境的景观要素（如山丘、道路、河流、建筑）的配置简图和鸟巢的分布位置。

表 5-6　鸟类群落调查记录表

生态站名称：　　　　　　生态站代码：　　　　　调查日期：　　　年　　月　　日

站区地点：　　　　　　　调查人：　　　　　　　物种名称：　　　　时间：　　　　天气：

取样区域	各重复鸟类数量																			
	1	2	3	4	5	6	7	8	9	10	11	12	13	14	15	16	17	18	19	20
1																				
2																				
3																				

如由于时间、交通等条件所限不能设置固定样方并重复调查时，可考虑采用条带样方法

调查。

结果计算：由以上调查可以求出各样方统计密度的平均值，进而求出一定调查面积内全部鸟类的数目。

b. 路线统计法。调查者以一定的速度（1～3km/h）穿过生境，计数一定面积范围内遇到的鸟类数量。调查时需要携带望远镜，以助于准确鉴别鸟的种类。

②大型兽类。路线统计法是大型兽类调查中通常采用的方法。根据生境类型，选择若干路线，统计在样线沿途遇见或听见的动物及其迹物。样线分布要均匀，尽量避开公路、村庄。样线长5 000m左右。所需调查工具包括标自动步数计数器、望远镜、GPS仪、各种记录表。常用大型兽类调查方法还有样地哄赶法、利用毛皮兽收购资料估计数量的方法和航空调查法等（表5-7）。调查步骤为：

a. 样线调查。沿样线进行调查，行进速度在3km/h左右，用计数器或GPS仪确定观测行进距离和观测点位置。

b. 调查内容。动物个体、尸体残骸、足迹、粪便、洞穴、鸣叫等。

c. 生境描述。

d. 结果计算。根据观测目标数量和调查线路的长度即可求得相对密度，各种观测目标可以分开单独计算，用截线法可求得绝对数量。

表5-7　大型动物数量调查记录表

生态站名称：　　　　　生态站代码：　　　　　站区地点：　　　　　调查人：

取样时间	捕获数	释放数	捕获数中未标记数	已标志数	捕获的每次标志过的动物数			

③啮齿动物。啮齿动物的监测是草地生态监测工作的重点内容之一，其调查费时费力，一般大面积监测比较困难。如不能够对站区全范围内进行监测，建议在草场的过牧退化地段、虫鼠害多发地段进行。

综合观测场内啮齿动物数量调查每隔5年进行1次，调查工作应在4～9月的每月15日进行，每次持续6d，采用标志重捕法调查时在每个采样点放置捕获器，如鼠笼，并根据每日捕获的动物种类和数量以及捕获动物的标记情况来统计动物数量。测定标准和统计方法包括：夹日法、去除法（IBP标准最小值法）、标志重捕法等（表5-8）。

表5-8 啮齿动物数量调查记录表

生态站名称：　　　　　　生态站代码：　　　　　　站区地点：　　　　　　调查人：

时间	捕获总数	种名					天气	备注

④昆虫。蝗虫种群的数量调查每隔5年进行1次，时间为6~9月的每月15日进行。在许多昆虫数量调查方法中，样方法和夜捕法是适合于草地群落蝗虫数量调查的两种较好取样方法。

样方法是通过在草地上设置一定大小的无底样框，来调查其中的蝗虫个体数。草地群落蝗虫调查的样框大小一般为1m×1m×0.5m（高），重复次数一般不低于30次。

夜捕法中的夜捕器由一个68L的褐色塑料筒改制而成，将其倒置，围成0.125m²的面积，在距地面23cm处开1个直径10cm的小孔，连接1个透明塑料杯。在这个塑料杯的下方再开1个直径5cm的小孔，再连接一个小的透明塑料杯，内盛120mL的肥皂水。夜捕器内用一个斜棍连接小杯和地面，以引导蝗虫向有光线的小杯移动。夜捕器在夜晚放置在野外，重复次数为20次，次日上午计数掉入小杯内的蝗虫数。测定方法包括：①直接法。如样方法、夜捕法、快捕法、圆筒法、线形或带状样条调查法、目测法。②间接法。如扫网法、振落法、蛹盘法、诱捕法、引诱型诱捕器法（表5-9）。

表5-9 蝗虫数量调查记录表

生态站名称：　　　　　　生态站代码：　　　　　　调查日期：　年　月　日
站区地点：　　　　　　调查人：　　　时间：　　　天气：　　　　捕获方法：

物种名称	各重复蝗虫数量																			
	1	2	3	4	5	6	7	8	9	10	11	12	13	14	15	16	17	18	19	20
合计																				

（2）土壤动物　土壤动物的调查频度为每 5 年 1 次，调查内容主要是土壤动物种类和种群数量特征。根据站区植被类型划分调查区类型，每一类生境需要在不同的地段、不同的梯度上（利用强度、土壤状况）布设调查样点。大型土壤动物样方面积为 $50cm\times50cm$，取样深度 30cm。中、小型土壤动物以大土壤环刀分层取样，一般分为 $0\sim5cm$、$5\sim10cm$ 和 $10\sim20cm$ 3 个层次。调查方法有手捡法、漏斗法和室内观察培养法。具体步骤如下：①仪器与用具准备；②地点选择；③野外记录（位置、地形地貌、利用状况、植被类型、自然概况等）；④土壤采集；⑤室内处理和操作；⑥室内分析和数理统计。

4. 土壤微生物

土壤微生物的监测频度每 5 年 1 次，调查内容为微生物种类和数量。调查范围和样点布设的原则同上。可以在不同季节分别取样测定以确定微生物种类、数量的季节动态，但一般仅在植物群落发育初期（约 6 月）和盛期（$8\sim9$ 月）测定 2 次。步骤如下：

（1）确定取样区，布设样点。

（2）野外工具和室内设备准备。

（3）土壤微生物样品的采集。一般选择未经人为扰动的自然土壤，在农田上采样要在施肥之前进行，特别要注意避免在雨季采样。在采样地段内随机多点取样，按四分法混匀，取土重量 $100\sim150g$。

（4）室内处理与测定。

（5）统计结果。

第二节　草地生态系统历史数据采集规范

北方草地生态系统面积比较大，站点比较多，历史数据采集的年份比较长。由于数据采集过程中缺乏统一管理，出现各个站点以及同一站点的不同年代的数据在类型、名称、单位等方面存在或多或少的差异，为数据的比较、分析和处理带来了不便，致使出现大量数据闲置、难以利用的状况。与此同时，北方草地生态系统研究的深入又迫切需要大量的历史数据做支持。因此，对北方草地生态系统历史数据的采集制定统一的规范，统一数据采集的类型、名称、单位等属性，以便进行数据标准化管理和存储，为从事科学研究、指导农业生产等提供服务。

一、范围

本部分规定了草地生态系统观测站和观测点的选择要求、历史数据采集方法以及数据库的命名规则。

二、观测站和观测点的选择

草地生态系统数据采集分观测重点站和一般站进行。①重点观测站要全面、系统地监测主要草地类型的动态变化，每个草地一级类应该保证 1 个重点观测站，每个草地群系组争取有 1 个基本观测站；②具有一定的工作基础的观测站，重点观测站至少应该有 10 年的连续观测，包括技术力量和数据积累；基本站点应该有 $3\sim5$ 年的观测实践，具有一定的科研力量和数据基础。我国草地类型一级类的面积和观测站选择理论数量见表 5-10。

表 5 - 10　各类草地历史数据采集站点理论数量

草地类型	草地面积（万 km²）	最少站点抽样数量（个）
温性草甸草原类	14.5	1
温性草原类	41.1	2
温性荒漠草原类	18.9	1
高寒草甸草原类	6.9	1
高寒草原类	41.6	2
高寒荒漠草原类	9.6	1
温性草原化荒漠类	10.7	1
温性荒漠类	45.1	2
高寒荒漠类	7.5	1
暖性草丛类	6.7	1
暖性灌草丛类	11.6	1
热性草丛类	14.2	1
热性灌草丛类	17.6	1
干热稀树灌草丛类	0.9	1
低地草甸类	25.2	2
山地草甸类	16.7	1
高寒草甸类	63.7	3
沼泽类	2.9	1

三、历史数据采集方法

1. 采集历史数据质量要求　每个草地站生物要素数据采集要求有 1～5 个相对固定的采样地，每个采样地的控制面积一般在 10～50hm²，每个样地至少每年有 5～8 月的调查记录，每次调查不少于 5 个样方，样方的面积一般在 0.25～10m²，至少有 5 年完整观测数据。

水文和土壤要素的数据采集要求和植物群落样方对应，有 1～5 个相对固定的采样地，每个采样地的控制面积 10～50hm²，每个样地至少每年有 3 个月的调查记录，每次调查不少于 5 个样点，样点的取样面积一般在 0.25～1m²，至少有 2 个阶段的完整数据。

对于气象数据采集，草地生态站区如果有气象观测站，采集该气象观测站建站以来的全部气象数据；如果草地生态站区没有独立的气象观测站，则采集监测站所在的县（市、旗）的气象台站的全部数据。数据最小时间间隔为旬，要求至少有 10 年完整数据。

农牧业生产统计数据和社会经济统计数据以监测站所在的县（市、旗）的农业调查数据为主，部分草地站采集到村级或乡级，至少有 10 年完整数据。

2. 数据采集表的填写规则　应事先确定各站能够提供的数据表以及不同时段的样地分布图，数据表格式见表 5 - 11。

表 5 - 11　各草地站能够提供的植被、土壤、动物群落数据提纲

站名	样地名称	地点	样方数	采集年份	采集次数

3. 采集指标和传输标准　各站提供数据的具体指标、格式、单位和数据说明，见表 5 - 12～表 5 - 25。

表 5 - 12　草地生态站宏观描述数据采集内容

序号	监测指标	代码	数据类型	长度	单位	说　明
	草地站名称		Char	50		草地生态站的名称
	站区地点		Char	50		草地生态站所处的位置
	中心经度		Number		°	草地生态站的中心经度
	中心纬度		Number		°	草地生态站的中心纬度
	中心海拔		Number		m	草地生态站的中心海拔

表 5 - 13　样地信息采集内容

监测指标	数据类型	长度	单位	说　明
草地站代码	Char	10		草地站的唯一标识代码
样地号	Number	20		草地样地的唯一标识代码
样地名称	Char	30		草地样地的名称
样地地点	Char	10		样地所在地点
样地经度	Number		°	草地样地的中心经度
样地纬度	Number		°	草地样地的中心纬度
样地海拔	Number		m	草地样地的中心海拔
样地面积	Number		hm^2	草地样地的面积大小
地形描述	Text	20		草地样地的地形描述
坡向	Char	20		草地样地的坡向
坡度	Number	20	°	草地样地的坡度
草地类型	Char	30		草地样地的草地类型
群落组成	Char	50		草地样地的群落组成
草地利用情况	Char	30		草地样地的利用情况

表 5 - 14 草地样方数据采集内容

监测指标	数据类型	长度	单位	说　明
草地站代码	Char	10		草地站的唯一标识代码
样方号	Number	20		样方的唯一标识代码
样方面积	Number		m^2	样方面积
样方地点	Char	10		样方地点
调查时间	Date	8		样方调查时间
调查人	Char	20		样方调查人
生殖苗平均高度	Number		cm	样方生殖苗平均高度
叶层平均高度	Number		cm	样方叶层平均高度
灌木层高	Number		cm	样方灌木层高
群落总盖度	Number		%	样方群落总盖度
绿色鲜重	Number		g/m^2	样方绿色鲜重
立枯鲜重	Number		g/m^2	样方立枯鲜重
绿色干重	Number		g/m^2	样方绿色干重
立枯干重	Number		g/m^2	样方立枯干重
凋落物干重	Number		g/m^2	样方的凋落物干重
根系深度	Number		cm	样方的根系深度
根鲜重	Number		g/m^2	样方活根鲜重
根干重	Number		g/m^2	样方死根干重

表 5 - 15 草地群落样方分种调查数据采集内容

监测指标	数据类型	长度	单位	说　明
草地站代码	Char	10		草地站的唯一标识代码
植物名称	Char	20		样方分种的名称
调查时间	Date	8		样方分种调查时间
调查人	Char	20		样方分种调查人
拉丁名	Char	20		样方分种植物拉丁名称
生殖枝高度	Number		cm	样方分种生殖枝高度
营养枝高度	Number		cm	样方分种营养枝高度
盖度	Number		%	样方分种盖度
密度	Number		个	样方分种密度
物候期	Number			样方分种物候期
鲜重合计	Number		g/m^2	样方分种鲜重合计
干重合计	Number		g/m^2	样方分种干重合计
出苗数	Number		个	样方分种出苗数
出苗率	Number		%	样方分种出苗率
种子库	Number		个	样方分种种子库

（续）

监测指标	数据类型	长度	单位	说　明
光能转化率	Number		%	样方分种光能转化率
能量	Number		J	样方分种能量
绿色鲜重	Number		g/m²	样方绿色鲜重
立枯鲜重	Number		g/m²	样方立枯鲜重
绿色干重	Number		g/m²	样方绿色干重
立枯干重	Number		g/m²	样方立枯干重
凋落物干重	Number		g/m²	样方的凋落物干重
根系深度	Number		cm	样方的根系深度
根鲜重	Number		g/m²	样方活根鲜重
根干重	Number		g/m²	样方死根干重
备注	Char	50		注明绿色鲜重、立枯鲜重、绿色干重、立枯干重、凋落物干重、根系深度、根鲜重、根干重的采集方法

表 5 - 16　植物名录

监测指标	数据类型	长度	单位	说　明
草地站代码	Char	10		草地站的唯一标识代码
科	Char	12		植物所属的科
科拉丁名	Char	12		植物所属的科的拉丁名
属	Char	12		植物所在的属
属拉丁名	Char	12		植物所属的属的拉丁名
种名	Char	20		植物的中文名称
学名	Char	30		植物的拉丁名称

表 5 - 17　动物名录

监测指标	数据类型	长度	单位	说　明
草地站代码	Char	10		草地站的唯一标识代码
类	Char	12		纲以上的分类单位
目	Char	12		动物分目
目拉丁名	Char	12		目拉丁名
科	Char	12		动物分科
科拉丁名	Char	12		科拉丁名
属	Char	12		动物分属
种名	Char	20		动物种名
学名	Char	30		拉丁名
分布	Char	30		动物分布概述

表 5-18　啮齿动物调查数据采集内容

监测指标	数据类型	长度	单位	说　明
草地站代码	Char	10		草地站的唯一标识代码
取样方法	Number	20		动物样方号
取样面积	Number		m²	样方的面积
调查时间	Date	8		调查的时间
啮齿动物种名	Char	12		啮齿动物种名
调查人	Char	20		调查人
拉丁名	Char	12		啮齿动物拉丁名
捕获方法	Char	12		啮齿动物捕获方法
捕获时间	Date	12		啮齿动物捕获时间
捕获总数	Int	14	个	啮齿动物捕获总数
天气	Char	20		天气情况的描述
生境描述	Char	20		生存环境描述
原始洞穴数	Number		个	记录的洞穴数
有效洞穴数	Number		个	有捕获的洞穴数

表 5-19　蝗虫、土壤动物和土壤微生物调查数据采集内容

监测指标	数据类型	长度	单位	说　明
草地站代码	Char	10		草地站的唯一标识代码
取样方法	Number	20		动物样方号
取样面积	Number		m²	样方的面积
调查时间	Date	8		调查时间
调查人	Char	12		调查人
蝗虫种名	Char	30		蝗虫的种名
拉丁名	Char	30		蝗虫的拉丁名
捕获方法	Char	20		蝗虫的捕获方法
捕获时间	Date	8		蝗虫的捕获时间
捕获总数	Int	4	个	蝗虫的捕获总数
种群密度	Number		个	蝗虫的种群密度
天气	Char	20		天气
土壤动物种名	Char	30		土壤动物的种名
拉丁名	Char	30		土壤动物的拉丁名
种群密度	Number		个	土壤动物的种群密度
壮龄比	Number			壮龄种群所占比例
微生物种名	Char	30		微生物的种名
拉丁名	Char	30		微生物的拉丁名
种群密度	Number		个/m²	微生物的种群密度

（续）

监测指标	数据类型	长度	单位	说　明
其他动物	Char	30		其他动物名称
拉丁名	Char	30		其他动物拉丁名
种群密度	Number		个/m^2	种群密度
产奶量	Number		g	产奶量
怀孕率	Number		%	怀孕率
活重变化	Number		%	活重变化

表 5 - 20　土壤阳离子调查数据采集指标

字段解释	数据类型	长度	单位	说　明
草地站代码	Char	10		草地站的唯一标识代码
土壤样方号	Number	10		样方的唯一标识代码
样方代表面积	Number			取样范围面积
样方经度	Number		°	取样样方经度
样方纬度	Number		°	取样样方纬度
样方海拔	Number		m	取样样方海拔
调查时间	Date	8		调查的时间
调查人	Char	12		调查人
采样地点描述	Char	30		样方采样点描述
土壤类型	Char	40		样方土壤类型
植被名称	Char	40		植被名称
采样深度	Number	10	cm	采样深度
水溶液提 pH	Number			水溶液提取测量的 pH
盐溶液提 pH	Number			盐溶液提取测量的 pH
交换性盐基总量	Number		cmol/kg	交换性盐基总量
测定方法及单位	Char	20		交换性盐的测定方法及单位
交换性酸总量	Number		cmol/kg	交换性酸总量
测定方法	Char	20		交换性酸的测定方法及单位
交换性钙离子	Number		mg/kg	交换性钙离子
测定方法及单位	Char	20		交换性钙离子的测定方法及单位
交换性镁离子	Number		mg/kg	交换性镁离子
测定方法及单位	Char	20		交换性镁离子的测定方法及单位
交换性钾离子	Number		mg/kg	交换性钾离子
测定方法及单位	Char	20		交换性钾离子的测定方法及单位
交换性钠离子	Number		mg/kg	交换性钠离子
测定方法及单位	Char	20		交换性钠离子的测定方法及单位

（续）

字段解释	数据类型	长度	单位	说　明
阳离子交换量	Number		mg/kg	阳离子交换量
测定方法及单位	Char	20		阳离子交换量的测定方法及单位
Mn	Number		mg/kg	Mn 离子含量
Fe	Number		mg/kg	Fe 离子含量
Zn	Number		mg/kg	Zn 离子含量
Cu	Number		mg/kg	Cu 离子含量
Co	Number		mg/kg	Co 离子含量
Mo	Number		mg/kg	Mo 离子含量

表 5-21　土壤养分调查数据采集内容

字段解释	数据类型	长度	单位	说　明
草地站代码	Char	10		草地站的唯一标识代码
土壤样方号	Number	10		样方的唯一标识代码
经度	Number			取样样方经度
纬度	Number			取样样方纬度
海拔	Number			取样样方海拔
调查时间	Date	8		调查的时间
调查人	Char	12		调查人
采样地点描述	Char	30		样方采样点描述
土壤类型	Char	20		样方土壤类型
植被名称	Char	20		取样地点的植被类型
采样深度	Char	20	cm	采样深度
全氮	Number		mg/g	样方土壤中的全氮含量
测定方法及单位	Char	30		全氮的测定方法及单位
全磷	Number		mg/g	样方土壤中的全磷含量
测定方法及单位	Char	30		全磷的测定方法及单位
速效磷	Number		mg/g	样方土壤中的速效磷含量
测定方法及单位	Char	30		有效磷的测定方法及单位
全钾	Number		mg/g	样方土壤中的全钾含量
测定方法及单位	Char	30		缓效钾的测定方法及单位
速效钾	Number		mg/g	样方土壤中的速效钾含量
测定方法及单位	Char	30		测定方法及单位
土壤有机质	Number		mg/g	样方土壤中的有机质含量
测定方法及单位	Char	30		土壤有机质的测定方法及单位
速效氮	Number		mg/g	速效氮
硝酸态氮	Number		mg/g	样方土壤中的速效氮含量

（续）

字段解释	数据类型	长度	单位	说　明
测定方法及单位	Char	30		硝酸态氮的测定方法及单位
铵态氮	Number		mg/g	样方土壤中的铵态氮含量
测定方法及单位	Char	30		铵态氮的测定方法及单位

表 5 - 22　土壤物理性质调查数据采集内容

字段解释	数据类型	长度	约束	说　明
草地站代码	Char	10		草地站的唯一标识代码
土壤样方号	Number	10		样方的唯一标识代码
经度	Number			取样样方经度
纬度	Number			取样样方纬度
海拔	Number			取样样方海拔
调查时间	Smalldate	8		调查的时间
调查人	Char	12		调查人
采样地点描述	Char	30		样方采样点描述
土壤类型	Char	20		样方土壤类型
植被名称	Char	10		取样地点的植被名称
采样深度	Char	10	cm	采样深度
孔隙度总量	Number			孔隙度总量
土壤容重	Number		kg/m³	土壤容量
测定方法及单位	Char	10		土壤容量的测定方法及单位
土壤温度 1（0～10cm）	Number		°	0～10cm 深土壤温度
土壤温度 2（10～20cm）	Number		°	10～20cm 深土壤温度
土壤温度 3（20～30cm）	Number		°	20～30cm 深土壤温度
土壤温度 4（30～40cm）	Number		°	30～40cm 深土壤温度
质量含水量	Number		mg/g 干土	土壤质量含水量
小于 0.001mm 沙粒百分比	Number		%	粒径<0.001mm 的沙粒占的百分比
0.001～0.005mm 沙粒百分比	Number		%	粒径为 0.001～0.005mm 的沙粒占的百分比
0.005～0.01mm 沙粒百分比	Number		%	粒径为 0.005～0.01mm 的沙粒占的百分比
0.01～0.02mm 沙粒百分比	Number		%	粒径为 0.01～0.02mm 的沙粒占的百分比
0.02～0.05mm 沙粒百分比	Number		%	粒径为 0.02～0.05mm 的沙粒占的百分比
0.05～0.1mm 沙粒百分比	Number		%	粒径为 0.05～0.1mm 的沙粒占的百分比
0.1～0.25mm 沙粒百分比	Number		%	粒径为 0.1～0.25mm 的沙粒占的百分比
0.25～1.0mm 沙粒百分比	Number		%	粒径为 0.25～1.0mm 的沙粒占的百分比
1～2mm 沙粒百分比	Number		%	粒径为 1～2mm 的沙粒占的百分比
2～3mm 沙粒百分比	Number		%	粒径为 2～3mm 的沙粒占的百分比
3～5mm 沙粒百分比	Number		%	粒径为 3～5mm 的沙粒占的百分比

（续）

字段解释	数据类型	长度	约束	说　明
5～10mm 沙粒百分比	Number		％	粒径为 5～10mm 的沙粒占的百分比
大于 10mm 沙粒百分比	Number		％	粒径＞10mm 的沙粒占的百分比
土壤质地名称	Char	10		土壤质地名称
土壤机械组成测定方法名称	Char	10		土壤机械组成测定方法名称

表 5 - 23　气象资料采集内容

监测指标	数据类型	长度	单位	说　明
草地站代码	Char	10		草地站的唯一标识代码
调查时间	Date	8		调查日期
旬	Number	2		每年 1～36 旬
气象站经度	Number		°	气象站经度
气象站纬度	Number		°	气象站纬度
气象站地面高程	Number		m	气象站地面高程
蒸散总量	Number		mm	蒸散总量
平均气温	Number		℃	平均气温
极端高温	Number		℃	极端高温
极端低温	Number		℃	极端低温
平均湿度	Number		％	平均湿度
降水量	Number		mm	降水量
平均风速	Number		m/s	平均风速
蒸发量	Number		mm	蒸发量
地表温度	Number		℃	地表温度
日照时数	Number		h	日照时数
日照率	Number		％	日照率
总辐射	Number		J	总辐射
地下水埋深	Number		m	地下水埋深

表 5 - 24　农牧业生产统计数据采集内容

监测指标	数据类型	长度	单位	说　明
草地站代码	Char	10		草地站的唯一标识代码
县名称	Char	10		草地站所在县名称
大畜存栏数	Number		万只	包括牛、马、驴、骡和骆驼
牛存栏数	Number		万只	牛的存栏数
奶牛存栏	Number		万只	奶牛的存栏数
羊存栏数	Number		万只	羊的存栏数

（续）

监测指标	数据类型	长度	单位	说　明
山羊存栏	Number		万只	山羊的存栏数
奶山羊存栏	Number		万只	奶山羊的存栏数
绵羊存栏	Number		万只	绵羊的存栏数
猪存栏数	Number		万只	猪的存栏数
出栏猪数	Number		万只	出栏的猪数
肉类总产量	Number		万t	当年出栏并已屠宰的畜禽肉总产量
猪牛羊肉产量	Number		万t	猪、牛、羊肉的总产量
马驴骡肉产量	Number		万t	马、驴、骡肉的总产量
禽兔肉总量	Number		万t	禽、兔肉的总产量
牛奶产量	Number		万t	牛奶的产量
绵羊毛量	Number		万t	绵羊毛的量
禽蛋产量	Number		万t	禽蛋的产量

表 5 - 25　社会经济统计数据采集内容

监测指标	数据类型	长度	单位	说　明
草地站代码	Char	10		草地站的唯一标识代码
县名称	Char	10		草地站所在县名称
人口总数	Number		万人	人口的总数量
农牧业人口	Number		万人	农牧业人口的数量
农业劳动力	Number		万人	农业劳动力的数量
工农业总产值	Number		亿元	工农业的总产值
农业总产值	Number		亿元	农业的总产值
种植业总产值	Number		亿元	种植业的总产值
牧业总产值	Number		亿元	牧业的总产值
工业总产值	Number		亿元	工业的总产值
国民收入	Number		亿元	国民收入
农业收入	Number		亿元	农业的收入
种植业收入	Number		亿元	种植业的收入
牧业收入	Number		亿元	牧业的收入
工业收入	Number		亿元	工业的收入
财政收入	Number		亿元	财政方面的收入
土地面积	Number		千 hm²	土地的总面积
耕地面积	Number		千 hm²	耕地的总面积
水田面积	Number		千 hm²	水田的总面积
水浇地面积	Number		千 hm²	水浇地的总面积
梯田面积	Number		千 hm²	梯田的总面积

（续）

监测指标	数据类型	长度	单位	说　明
川坝地面积	Number		千 hm²	川坝地的总面积
牧业用地面积	Number		千 hm²	牧业用地的总面积
天然草地面积	Number		千 hm²	天然草地的总面积
人工草地面积	Number		千 hm²	人工草地的总面积
放牧地面积	Number		千 hm²	放牧地的总面积
打草地面积	Number		千 hm²	打草地的总面积
林地面积	Number		千 hm²	林地的总面积
城镇工矿用地	Number		千 hm²	城镇工矿用地的总面积
未利用土地	Number		千 hm²	未利用土地的总面积
退化弃耕面积	Number		千 hm²	退化弃耕地的总面积

四、数据库的命名规则

1. 草地站命名规则　草地站名长度为 6 位小写字母：省名（2 位）＋站名（4 位）。例如：呼伦贝尔站——nmhlbe。

2. 样地命名规则　样地名长度为 6 位：省名（2 位小写字母）＋站名（4 位小写字母）＋样地序号（2 位数字）。例如：呼伦贝尔站——nmhlbe01。

3. 样方命名规则　样方名长度为 18 位：省名（2 位小写字母）＋站名（4 位小写字母）＋样地（2 位数字）＋时间（8 位日期型）＋样方类别（1 位大写字母）＋样方序号（3 位数字）。说明如下。

（1）时间格式　yymmdd，缺具体日期，用 00 代替。

（2）样方类别　A——动物、P——植物、S——土壤。

（3）样方序号　固定样方 001～099，随机样方 100～199。

例如：甘肃天祝 1990 年 8 月 20 日测定高寒灌丛草地产量，则该样方可表示为：gstzzd0319900820P001。

第三节　草地生态系统空间背景数据库建设规范

一、范围

本部分确定了草地生态系统空间背景数据库建设工作流程和数据库建设要求，规定了成果验收要求。

二、数据库建设工作流程

1. 空间背景数据库的数据采集内容　草地生态系统空间背景数据采集内容主要包括监测区 1∶100 万及以上比例尺的空间数据及其元数据，具体包括如下。

（1）地形数据　包括行政区划、水系、道路、铁路、居民点、高程等。

（2）气象数据　气象台站的气象数据，并计算相关参数的空间分布趋势。

（3）生态背景数据　包括土壤类型、草地类型、植被类型、土地利用、景观类型等。

（4）遥感影像数据　包括 MODIS 数据、LandSat TM（ETM）数据等。

（5）空间背景数据的元数据。

2. 空间背景数据库建设的操作平台

（1）数据库系统操作平台　数据库系统以 Microsoft 的 Windows 作为服务器的操作系统，其他微机的操作系统采用 Windows XP 或 Windows 2010 以上。

（2）空间数据操作平台　空间数据的录入采用扫描＋手工屏幕数字化的方式进行，平台选用 ESRI 的 Arc/Info 地理信息系统软件和 ArcView GIS。为减少数据转化的误差，其空间数据的矢量化全部在 Arc/Info 中进行，属性数据的添加可选择在 Arc/Info 或 ArcView 中完成。气象因子的空间分布计算在 Arc/Info 中实现。

3. 空间背景数据的数字化

空间背景数据的数字化包含图形转绘、扫描、矢量化、建立拓扑关系、属性添加、精度检查等步骤。

（1）基本要求　①行政边界。1：25 万及以下比例尺图的县级及以上行政区划空间数据从国家基础地理信息中心提供的相应比例尺的行政区划空间图层中提取。②空间数据的保存。1：25 万及以上比例尺数据分幅保存，其他比例尺数据部分分幅保存。数据保存格式为 Arc/Info 的 Coverage。③空间数据的操作在 Arc/Info 软件中完成，以减少不同数据格式转换造成的数据转换误差。属性数据的添加可在 Arc/Info 或 Arcview 中以输入、数据库连接等方式完成。

（2）数字化方法　①在专家指导下，将各类纸质图形转绘到 1：25 万行政区划图上，由相应的专家和工作人员进行审核、更正，保证转绘图形的正确；②扫描转绘图形，以 tif 格式保存；③在 Photoshop 软件中对扫描文件进行去噪处理；④在 Arc/Info 中以转绘图形为底图，进行屏幕数字化；⑤编辑图层，建立拓扑关系；⑥检查数字化是否完整；⑦检查坐标采集点的精度是否符合要求；⑧属性数据输入；⑨图层校对；⑩图层入库保存（表 5 - 26）。

表 5 - 26　地图转绘明细表

序号	资料名称	转绘时间	转绘人	质量检查	检查人	完成时间	备注

（3）数字化参数　①所有空间数据的投影统一为 Albers（等面积双标准纬线圆锥投影）。②地图底图扫描分辨率 300dpi，并以 tif（lzw）格式保存。③Clean 命令中容限参数 Dangle Length 和 Fuzzy Tolerance 的设定小于 0.000 01。④图层控制点保证 14 个点以上，除四个角点以外，其余各控制校正点要均匀分布在图内各方里网的交汇点上。为保证图形定位准确，控制点坐标均按照理论值进行输入。⑤单线河等的数字化要求从水系的上游开始，向下游进行数字化。⑥面状独立地物以其几何中心为标识点。若其中心配有点状符号，则以符号的定位中心为标识点。⑦不同图层的公共边只数字化一次，用拷贝等命令实现共享公共边在不同图层的完整建库（表 5 - 27）。

表 5-27　地图扫描明细表

序号	资料名称	扫描图名称	扫描人	扫描时间	备注

（4）数字化精度　①定位精度控制。图形定位控制点：RMS 误差小于 0.075m。相对于扫描的工作底图，矢量化后的扫描点位误差不大于 0.1mm，直线线划误差不大于 0.2mm，曲线线划误差不大于 0.3mm，界限不清晰时的线划误差不大于 0.5mm。②属性精度控制。所有空间数据必须建立与空间图素对应的属性文件，属性项内容及定义按照对应地图进行调整。属性项字段的定义与原图相同，其中县级以县级以上行政区划代码与名称采用 2007 年我国颁布的中国行政区划国标代码（表 5-28）。

表 5-28　空间数据数字化明细表

序号	资料名称	比例尺	扫描文件名称	Coverage 名称	投影	几何特征	属性表字段名称及含义	完成人	完成时间	备注

4. 空间背景数据的数据转换与数据交换

（1）空间矢量数据标准存储格式为 Arc/Info 的 Coverage 格式。

（2）栅格数据的标准存储格式为 Arc/Info 的 Grid 格式。

（3）影像数据的标准存储格式为 ERDAS 的 image 格式。

本系统数据交换文件格式，除以上 3 类，还包括：ESRI Shape 文件、ESRI ASCII GRID 文件、Arc/Info 的 E00 文件、GeoTIFF 文件。

三、成果验收

（1）图层套合精度　所有图层的边界必须完全相同，省级及以下地图的行政边界以国家基础地理信息中心的 1：25 万行政边界为准，国家级地图的行政边界以国家基础地理信息中心的 1：100 万行政边界为准。图层之间的公共边必须完全重合。

（2）图层定位精度　精度要求与数字化的精度要求相同。

（3）图层要素完整性　是否丢失图元和内容，要确保与原图完全一致。

（4）图斑要素与属性一致性检查。

（5）属性数据检查　对照原图检查各所属性表中的字段类型、长度、名称等是否正确、完整，如发现漏图元或属性紊乱，则要进行重新处理（表 5-29）。

表 5-29　空间数据质量检查明细表

序号		Coverage 名称		验收人		验收时间		
	检查项目		检查内容		严重缺陷	重缺陷		轻缺陷
地图原图精度	图廓点点位		误差≥0.2mm	严重缺陷〔　〕	〔　〕	〔　〕		〔　〕
	图廓边边长		误差≥0.2mm	严重缺陷〔　〕	〔　〕	〔　〕		〔　〕
	图廓对角线长度		误差≥0.3mm	严重缺陷〔　〕	〔　〕	〔　〕		〔　〕
	坐标网线间距		误差≥0.2mm	严重缺陷〔　〕	〔　〕	〔　〕		〔　〕

（续）

序号		Coverage 名称		验收人		验收时间		
检查项目		检查内容			严重缺陷	重缺陷	轻缺陷	
扫描图像精度	图廓点点位	误差≥0.2mm	重缺陷 [ ]		[ ]	[ ]	[ ]	
	图廓边边长	误差≥0.2mm	重缺陷 [ ]		[ ]	[ ]	[ ]	
	图廓对角线长度	误差≥0.3mm	重缺陷 [ ]		[ ]	[ ]	[ ]	
	坐标网线间距	误差≥0.2mm	重缺陷 [ ]		[ ]	[ ]	[ ]	
TIC 点精度		控制点≤12 与≥9	轻缺陷 [ ]					
		控制点≤8 与≥4	重缺陷 [ ]					
		控制点＜4	严重缺陷 [ ]					
		RMS＜0.075 [ ]			[ ]	[ ]	[ ]	
数据采集精度		误差≥0.1mm	错误 [ ]		[ ]	[ ]	[ ]	
		≥5%	严重缺陷 [ ]					
		≤5%与≥3%	重缺陷 [ ]					
		≤3%与≥1%	轻缺陷 [ ]					
缺陷数总数								

注：对于同一地图，转绘、扫描、数字化、质量检查表中的序号相同。

第四节 草地生态系统观测数据网络共享规范

北方草地生态系统野外观测数据量大，来源繁杂。要实现网络共享，首先要制订一个对各个数据提供者合理、又能尽可能服务于草地科学研究的数据共享标准与规范，为实现北方草地生态系统野外观测数据的有效管理与网络共享提供基础。

一、范围

本部分规定了草地生态系统观测数据网络共享原则，明确了数据共享服务对象、共享内容、网络共享途径以及共享数据的保密规定。

二、北方草地生态系统野外观测数据网络共享原则

1. 实用性 针对我国草地科研和生产管理的实际情况，尽量满足当前我国草地资源管理工作对信息服务的需求，同时系统功能界面须简单明确，以便于用户掌握和操作。

2. 完整性 既包括数据资料信息的完整性，又包括数据资料信息分类编码的规范一致、空间数据资料信息数字文字的规范一致、数据存储格式和系统基本环境的规范一致。

3. 前瞻性 本规范不仅满足当前北方草地生态系统野外观测数据管理的需要，还要充分考虑到最新技术发展与趋向、与其他部门间的信息交换。

4. 可扩充性 北方草地生态系统野外观测数据网络共享标准与规范的制定为将来可能的需求保留余地，共享的内容和功能均可进行扩充，以便将来系统改进时，最大限度地保护用户已有的数据信息资源和投入。

三、数据共享服务对象

北方草地生态系统野外观测数据是由国家经费支持，在政府部门、众多科研机构与众多科学家共同参与的前提下完成的。项目成果以其基础性、科学性，将为草地科研以及草业生产经营与管理、国家及地方草畜业决策、牧区半牧区社会经济的发展等发挥极其重要的作用。北方草地生态系统野外观测数据网络共享服务对象主要有 3 个层面，即政府机构系列服务对象、科研系列服务对象、生产系列服务对象。

1. 政府机构系列服务对象

（1）国家科技部、农业部、林业部计划/规划部门。

（2）各省地县计委、办公厅、农委/农业厅、国土厅、科委、信息中心等政府机构。

（3）人大资源环境委员会及下属机构。

2. 科研系列服务对象

（1）中国科学院、农业科学院、林业科学院等科研事业单位。

（2）各省农业科学院、有关研究所等省科研事业单位。

（3）有关大专院校。

3. 生产系列服务对象

（1）有关草业和畜牧业企业单位。

（2）有关农牧业科研和技术推广单位。

网络系统对服务对象进行分类管理，系统将用户设置为普通用户、授权用户、高级用户和系统管理员等几种不同用户角色，不同用户角色在系统中的作用不同、系统赋予的权限也不同（表 5 - 30）。

表 5 - 30　数据共享用户级别及性质

用户级别	用户性质	功能说明
普通用户	网站注册会员，但不一定经过认定	可进行网站浏览、元数据查询
授权用户	网站认定注册会员	可进行元数据和普通级数据的查询与下载
高级用户	网站认定注册会员	可对指定范围的密级数据进行查询与下载、发布相关信息
系统管理员		系统管理员和数据管理员

统一用户管理是为了更好地保证系统中信息交流、数据检索的有序性和严肃性，提升系统的安全性。在互联网中，系统对任何一个普通浏览者很难确定其身份和来源，系统无法阻止来自外部的有意或无意的干扰行为，更无法追究其责任。因此，统一的用户管理，赋予不同的用户不同的权限，才能保障正常的信息交流，保障技术交易的严肃性、可靠性和安全性。

四、北方草地生态系统野外观测数据共享内容

1. 公开共享数据

（1）北方草地野外观测数据库系统元数据标准和元数据库。

（2）北方草地生态系统野外观测历史数据采集和标准化规范、部分已经规范化的历史数据。各站数据以 1992 年为例实行数据共享，包括草地群落和功能动态调查数据、草地其他

生物群落调查数据、相应的土壤和气象数据、草地站所在行政区畜牧业和社会经济数据等。

（3）北方草地生态系统基础地理和生态背景数据，包括各草地站所在行政区比例尺小于1：100万的DEM、土壤、土地利用、草地类型图等图形文件以及比例尺大于1：100万的DEM、土壤、土地利用、草地类型图快视图像。

（4）北方草地生态系统景观资料，包括图片和视频数据。

（5）各草地站所在行政区农牧业及农村社会经济统计数据，如农业结构、生产、部门经济的调查数据等。

（6）各草地站公开发表的各类文献资料题录，包括科学研究论文、生产规划报告等。

（7）北方草地生态系统野外观测数据库项目各合作单位、合作伙伴信息。

（8）草地生产、科研界新闻动态信息。

2. 内部资料

（1）各草地站的全部野外观测历史数据作为内部资料，根据数据中心与各站协商，部分实现共享和内部数据交流。由本站负责人和数据中心管理员共同决定其各级授权用户，决定数据保密与共享的范围以及与其他站之间的数据交换内容。

（2）比例尺大于1：100万、非国家机密范围的DEM、土壤、土地利用、草地类型图形文件，项目组成员（课题组、各草地站有关人员）可以通过内部交流实现数据共享。

（3）各草地站公开发表的各类文献资料全文，包括科学研究论文、生产规划报告等。

3. 秘密数据

（1）根据数据产权保护机制，各草地站2002年以来的草地生态系统观测数据在数据生产出来1年内可以由数据生产者（草地站成员）进行加工和创新工作，属秘密数据。数据中心管理员可以使用但无权对数据进行加工、公开发表或共享。

（2）各草地站未公开发表的各类文献资料全文，包括科研、生产规划报告等。

4. 机密数据　属于国家机密的空间数据，如大比例尺基础地理信息等。

五、网络共享途径

北方草地生态系统野外观测数据网络的共享有多种途径，不同层面的用户均可从本数据网站得到所需信息。针对3个不同层面的服务对象，北方草地生态系统野外观测数据网络共享设计从逻辑上分为3个层次，即核心层、分发层和访问层。整个系统安全性由3个等级组成，高安全级区域可以直接访问低安全级区域，但低安全级区域不能直接访问高安全级区域。

1. 核心交换途径　核心层具有高速交换主干，为应用提供尽可能高的包交换速度，采用成熟的网络交换技术来保证核心层的带宽。这一层次的用户主要是中央政府管理部门、科研机构、院校等。处在这一层次的用户，可以按规定下载数据，并可利用共享扩展功能与网络交换数据信息。

2. 分发交换途径　分发层是访问层和核心层的分界点，处在这一层次的用户主要是网络分中心（各草地站）和省地县级政府管理部门、生产单位和企业。网络分中心既是下层用户的信息分发者，又是核心网络的数据信息提供者。其提供的数据由网络核心按网络协议统一向其他用户提供，并按数据流量对收费部分进行计量结算。

3. 访问交换途径　访问层是最终用户访问网络的访问点，可以按规定从网络获得共享信息，但他们向网络提供信息的可能性较小。

不同层面的用户根据其所处的网络逻辑层次，实现数据信息交换和共享。在不泄密及保护知识产权的前提下，对于某些数据可以提供网上直接下载服务。数据与信息的下载将采用相应文件形式直接下载。根据不同的用户类型，确定用户对网络数据库的操作权限，以保证系统运行的安全；对用户信息进行记录，以便进行跟踪。

六、共享数据的安全保护和方案

1. 数据安全性指标体系

（1）数据的定义 北方草地生态系统野外观测数据是建立本项目数据网络系统时所用到或生成的所有以纸张、磁带、磁盘或其他媒体的图形、文档、数据库记录和软件。

（2）数据保护的定义 北方草地生态系统野外观测数据保护是指未经许可不可向任何人提供任何有关计算机程序、不可进行任何数据库和系统操作、不可获得任何北方草地生态系统野外观测数据。另外，未经许可不可进行任何形式临时再生产、转换、改编和修改。不可进行任何形式复制和分发，不可进行任何通讯、发表和发布。

（3）数据安全 数据安全是指北方草地生态系统野外观测数据能进行正常运转而不受损害，例如，建立网络安全体系对误操作、技术故障以及窃取保密数据或破坏数据系统安全具有预防对策和办法。

（4）安全性指标的值域

①访问限制指标值域。机密、秘密、内部资料、公开。

②使用限制指标值域。a. 阅读指标值域。可读、不可读。b. 引用指标值域。可引用、不可引用。

③报偿和定价指标值域。a. 报偿指标值域。无偿、有限无偿、有偿。b. 定价指标值域。全值、优惠、零值。

2. 数据保护方案 北方草地生态系统野外观测数据保护有系统核心层安全机制、系统内部层安全机制、系统服务层安全机制3级。

（1）系统核心层安全机制 北方草地生态系统野外观测数据系统制作者是北方草地生态系统野外观测数据系统的核心层，对北方草地生态系统野外观测数据保护负有最高责任。

①在系统管理员指导下登录控制，其他人员登录必须获得批准才能建立，核心层人员不必登录由系统管理员控制的工作环境。

②输入或被转换的数据必须经过审查，以保证数据的精度和可靠性。

③系统中任何软件和数据下载必须获得批准。

④建立泄密的赔偿处罚规定。

（2）系统内部层安全机制

①对北方草地生态系统野外观测数据系统制作应用单位的用户，应制定统一规定并定期进行培训，提高用户应用水平和安全知识水平。

②北方草地生态系统野外观测数据系统制作应用单位的用户发生变化时，系统管理员必须了解新用户的状况和职责。

③建立审查跟踪机制，及时发现可疑事件并给予解决。

④建立日志和日志恢复机制，对新应用、新进展和发生事件日记存档。

⑤对系统合作用户签订合作协议，其中包括合作用户应负的数据安全保护责任。

（3）系统服务层安全机制

①使用防火墙安全管理和保护北方草地生态系统野外观测数据网络，以防止系统之外用户的非法访问。

②系统采取身份认证技术、数据加密技术和数据安全技术，以保障数据安全和网络运行安全。只有在服务器端授权并掌握密码和协议地址的用户才可以进入。

七、数据保密和共享

1. 数据密级与解密　根据国家科委和国家保密局发布的《科技保密规定》（1995.1.6）来划分北方草地生态系统野外观测数据密级及其升降和解密。北方草地生态系统野外观测数据的密级分为：机密、秘密、内部资料、公开 4 个等级。在数据使用价值最大化和保障数据采集者知识产权的前提下，凡能公开的数据都尽量公开。密级确定后，定期对保密数据进行审核，及时对其密级给予相应的升级或解密。

2. 数据产权保护　由于目前我国对科学数据的产权保护意识尚未确立，一方面，数据产权没有保障，导致数据持有者不愿提供共享数据，担心由此丧失版权及其相应的利益；另一方面，数据主管部门、单位及其工作人员提供了共享数据又没有同署名、超过等利益相联系，也影响了数据提供者的积极性。本规范尝试在促进数据共享的同时加强数据产权保护。

（1）野外观测数据产权（版权）的确认　根据《著作权法》规定，数据产权自动产生。北方草地生态系统野外观测数据在转移过程中无创新的产权数据属提供者；数据在转移共享使用中有创新的，该共享使用人拥有创新部分的产权。

（2）产权保护内容　观测数据产权人拥有依法律规定的公开权、署名权、加工权、数据完整权。

（3）保护期限　数据自公开之年起算的 25 年期限。

参 考 文 献

陈立平，赵春江．2008．精准农业技术集成标准与规范［M］．北京：中国农业科学技术出版社．

郭书普．2003．网络农业信息分类和编码的研究［J］．农业图书情报学刊（6）：139-141．

国家技术监督局．1990．中国标准文献分类法标准［M］．北京：中国标准出版社．

姜作勤，刘若梅，姚艳敏，等．2003．地理信息标准参考模型综述［J］．国土资源信息化（3）：11-18．

姜作勤，姚艳敏，刘若梅．2003．国土资源信息标准参考模型［J］．地理信息世界，1（5）：12-17．

蒋景瞳，何建邦．2004．地理信息国际标准手册［M］．北京：中国标准出版社．

李道亮．2008．现代农业与农业信息化［J］．中国信息界（5）：66-70．

廖顺宝，孙九林，李泽辉，等．2005．地学数据产品的开发、发布与共享［J］．地球科学进展，20（2）：166-172．

刘爱英．2010．农业信息分类及河北省供给模式的探究［J］．河北经贸大学学报，31（4）：93-96．

刘若梅．2004．地理信息国际标准研制现状与进展［C］//地理信息国际标准手册［M］．北京：标准出版社．

牛振国，符海芳，崔伟宏．2003．面向多层用户的农业信息分类初步研究［J］．计算机与农业（3）：41-43．

王健，甘国辉．2004．多维农业信息分类体系［J］．农业工程学报，20（4）：152-156．

王人潮，史舟．2003．农业信息科学与农业信息技术［M］．北京：中国农业出版社．

徐枫．2003．科学数据共享标准体系框架［J］．中国基础科学（1）：44-49．

徐海根，包浩生．2000．中国生物多样性核心元数据标准的探讨［J］．中国环境科学，20（2）：106-110．

姚艳敏，辛晓平，刘佳，等．2008．草业资源信息元数据研究［J］．中国农业资源与区划，29（5）：32-37．

姚艳敏，周清波，陈佑启．2006．农业资源信息标准参考模型研究［J］．地球信息科学，8（3）：98-103．

俞新凯，李斌，毛敏．2011．基于网状结构的农业信息分类［J］．现代农业科技（3）：47-49．

赵春江．2004．数字农业信息标准研究 作物卷［M］．北京：中国农业出版社．

ANZLIC. Core Metadata Elements for Land and Geographic Directories in Australia and New Zealand ［S］. 1995.

CEN 12009—1996 Geographic information － Reference model ［S］.

FGDC‐STD‐001—1998 Content Standard for Digital Geospatial Metadata ［S］.

GB/T 1.1—2009 标准化工作导则 第1部分：标准的结构和编写．

GB/T 5271.1—2000 信息技术 词汇 第1部分：基本术语．

GB/T 8566—2007 信息技术软件 生存周期过程［S］.

GB/T 8567—2006 计算机软件文档编制规范［S］.

GB/T 9385—1988 计算机软件需求说明编制指南［S］.

GB/T 9386—1988 计算机软件测试文件编制规范［S］.

GB/T 11457—2006 信息处理 软件工程术语［S］.

GB/T 13502—1992 信息处理 程序构造及其表示的约定［S］.

GB/T 13923—2006 基础地理信息要素分类与代码．

GB/T 14085—1993 信息处理 计算机系统配置图符号及约定［S］.

GB/T 14384—1993 计算机软件可靠性和可维护性管理［S］.

GB/T 15532—2008 计算机软件测试规范［S］.

参 考 文 献

GB/Z 16682. 1—2010 信息技术 国际标准化轮廓的框架和分类方法 第1部分：一般原则和文件编制.

GB/T 16682. 2—1996 信息技术 国际标准化轮廓的框架和分类方法 第2部分：OSI轮廓用的原则和分类方法.

GB/T 17178. 1—1997 信息技术 开放系统互连一致性测试方法和框架 第1部分：基本概念［S］.

GB/T 17544—1998 信息技术 软件包 质量要求和测试［S］.

GB/T 17798—2007 地理空间数据交换格式［S］.

GB/T 18391. 1—2002 信息技术 数据元的规范与标准化 第1部分：数据元的规范与标准化框架［S］.

GB/T 18492—2001 信息技术 系统及软件完整性级别［S］.

GB/T 18493—2001 信息技术 软件生存周期过程指南［S］.

GB/T 18894—2002 电子文件归档与管理规范.

GB/T 19333. 5—2003 地理信息 一致性与测试.

GB/T 19710—2005 地理信息 元数据［S］.

GB/T 20157—2006 信息技术 软件维护［S］.

GB/T 21336—2008 地理信息 质量评价过程［S］.

GB/T 21337—2008 地理信息 质量原则［S］.

GB/T 23708—2009 地理信息 地理标记语言（GML）［S］.

GB/T 25529—2010 地理信息分类与编码规则［S］.

GB/T 30171—2013 地理信息 专用标准［S］.

IEC 12061 - 1 Information Technology - Open Systems Interconnection - International Standardized Profiles：OSI Distributed Transaction Processing - Part 1：Introduction to the Transaction Processing Profiles First Edition.

ISO 11183 - 1 Information Technology - International Standardized Profiles AOM1n OSI Management - Management Communications - Part 1：Specification of ACSE，Presentation and Session Protocols for the Use by ROSE and CMISE First Edition.

ISO 15836：2003 Information and documentation - The Dublin Core metadata element set［S］.

ISO 19101：2002 Geographic information - Reference model［S］.

ISO 19101 - 2：2008 Geographic information - Reference model - Part 2：Imagery［S］.

ISO 19106：2004 Geographic information - Profiles［S］.

ISO 19110：2005 Geographic information - Methodology for feature cataloguing［S］.

ISO 19115：2003 Geographic information - Metadata［S］.

ISO/IEC TR 10000 - 1 Information Technology - Framework and Taxonomy of International Standardized Profiles - Part 1：General Principles and Documentation Framework Fourth Edition.

ISO/IEC TR 10000 - 2 Information Technology - Framework and Taxonomy of International Standardized Profiles - Part 2：Principles and Taxonomy for OSI Profiles Fifth Edition.

ISO/IEC TR 10000 - 3 Information Technology - Framework and Taxonomy of International Standardized Profiles—Part 3：Principles and Taxonomy for Open System Environment Profiles Second Edition.

NASA—1999 Directory Interchange Format Writer's Guide［S］.

NY/T 1171—2006 草业资源信息元数据［S］.

OGC 2003—040 OpenGIS参考模型［S］.

SAC/TC 230（2009）11号 国家地理信息标准体系.

TD/T 1016—2003 国土资源信息核心元数据标准［S］.

图书在版编目（CIP）数据

农业空间信息标准与规范/唐华俊，周清波，姚艳
敏主编 . —北京：中国农业出版社，2016.5
　ISBN　978 - 7 - 109 - 18776 - 4

Ⅰ.①农…　Ⅱ.①唐…②周…③姚…　Ⅲ.①农业—
空间信息系统—标准—研究　Ⅳ.①S126 - 65

中国版本图书馆 CIP 数据核字（2013）第 311411 号

中国农业出版社出版
（北京市朝阳区麦子店街 18 号楼）
（邮政编码 100125）
责任编辑　廖　宁

中国农业出版社印刷厂印刷　新华书店北京发行所发行
2016 年 5 月第 1 版　2016 年 5 月北京第 1 次印刷

开本：787×1092mm 1/16　印张：13.5
字数：400 千字
定价：58.00 元
（凡本版图书出现印刷、装订错误，请向出版社发行部调换）